水の郷 日野

農ある風景の価値とその継承

法政大学エコ地域デザイン研究所 編

鹿島出版会

日野市広域パノラマ

浅川・東豊田・南平付近

写真・文：鈴木知之

現在の日野（Kite-photo／高度：約80m）

日野市は空から見ると、東京郊外にしては緑豊かで変化に富んだ丘陵地と豊富な水に恵まれた環境であることがわかる。北側の境を多摩川が、市の中央を浅川が流れ、古代より川の恩恵を受けてきた。
（撮影者注　Kite-photoは凧による空撮写真で、広い場所があり天候に恵まれれば、地上から自由に航空写真を撮影できる。日野には、Kite-photoには最適の条件が整った広い河川敷がある）。

「調布玉川惣畫図」（長谷川雪堤、1845年）

江戸時代後期、関戸村（多摩市）の名主・相沢伴主（ともぬし）が写生を行い、「江戸名所図会」の絵師として知られる長谷川雪旦（せったん）の子、雪堤（せってい）が浄写して完成させたと言われる。全長13mにおよぶ木版画の絵巻物で、多摩川源流から河口まで描かれている。これはその一部、多摩川から見た日野宿・高幡不動付近である。

丘陵地と河川

高幡不動・愛宕山とふれあい橋

橋を渡って下校する子どもたち

今では地元小学生の通学路になり、市民の憩いの場として親しみをもたれている。日野のシンボル的風景のひとつにあげられる。

浅川両岸を結ぶ人の橋（Kite-photo／高度：約50m）

1991（平成3）年に完成した、京王線高幡不動駅と浅川左岸地域を結ぶ歩道橋。正式には「万願寺歩道橋」という。以前は浅川を渡るのに高幡橋か新井橋まで迂回しなければならず、たいへん不便であった。

起伏に富んだ地形

東光寺緑地

水路と田畑のある暮らし

新井地区の畑と水路

崖線――市街地と自然の漸近線

日野には多くの崖線（段丘の境目の連続した崖）があり、そこには緑が広がり、湧水が存在する。それは市街化が進む地域に貴重な「緑地帯」として残り、豊かな自然環境を提供している。

変わりゆく水路

日野には農業用水のための水路がまだ数多く残っている。昔から多摩川と浅川に挟まれた特異な地形が水路網を発達させた。現在、こうした田園風景は市街化や開発で減りつつある。水路もまたコンクリートで固められた排水路となったり、暗渠化したり、廃滅となる場合も多い。そして田は畑へと変わり、住宅となる。写真の用水路も、かつては「素堀り」の水路であった。すぐ近くには行政と住民の努力で素堀りの状態を残し、生きものに配慮した水路もみられる。
今後の日野の農業を支えていくうえで、このような貴重な農環境を活かしていくことが期待される。

日野の植物と生きもの

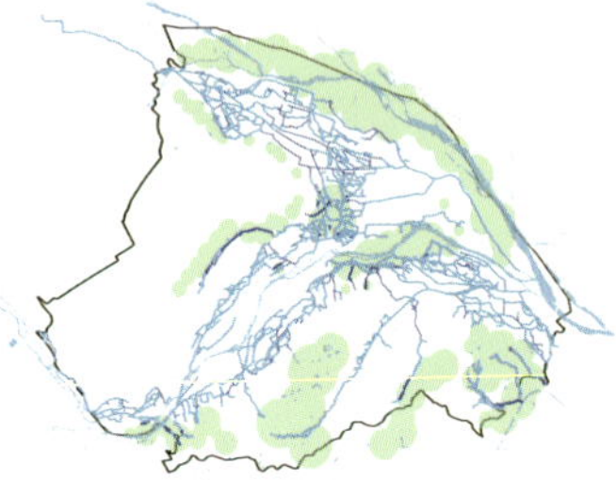

市内に生息する植物は、2007年の調査によると約1,100種。国や東京都の絶滅危惧種に相当する、保護上、重要な野生植物はシダ類で15種、単子葉植物は20種、離弁花類27種、合弁花類19種と多くの種が生育している。植生が注目されているのは、市内南東に位置する百草八幡神社のスダジイの大きな群落と、日野台地の南端にあたる多摩平の森のモミ林だ。前者は推定樹齢300年以上で多摩丘陵ではとてもめずらしい。「日本の重要な植物群落」(環境庁、1980年)にも報告され、日野市指定天然記念物に指定されている。

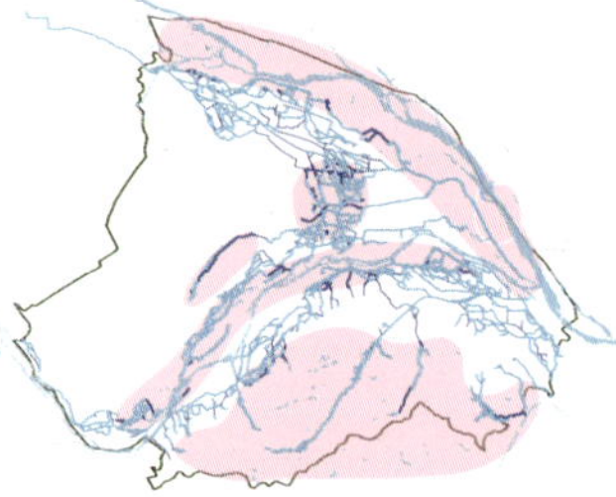

「日野市、野生生物の調査報告書(1993年)」によると、日野市内には、哺乳類18種、爬虫類14種、両生類10種、鳥類183種、クモ類112種、昆虫類1004種、魚類27種が生息している。とても多く感じられるが、トウキョウサンショウウオやトウキョウダルマガエル、ホトケドジョウといった従来からの種は減り、外来種が増える傾向にある(ガビチョウ、アカボシゴマダラ、ブルーギルなど)。現在では日野市よりも温暖な地域に生息しているクマゼミ、ナガサキアゲハ、ムギツクなどの生きものもみられるようになった。

水の郷　日野

農ある風景の価値とその継承

新たなるまちづくりへ

多摩川、浅川の清流に恵まれた水の郷・日野。都心から35km、JR中央線に乗れば東京駅から45分、多摩川の鉄橋を渡ると私たちのふるさと日野です。

平地には今でも、かつての農業用水が網の目のようにはり巡らされています。湧水を含む台地と緑豊かな丘陵をもち、面積はおよそ27km^2、人口は17万7,000人を超え、まだ増え続けています。豊かな自然環境に加えて、農業基本条例により、都市農業と都市農地をしっかり守っています。

この恵まれた自然環境と農のある風景に、法政大学エコ地域デザイン研究所が着目しました。平成18年度から3年間、研究者や学生、市民および市職員が連携し、用水路と周辺環境をテーマに、「日野プロジェクト」を立ち上げ推進しました。このなかで、用水路の再生を組み込んだ明日のまちづくりにひとつのデザインが示されたのです。いわば準備段階の成果を踏まえ、平成21年度からの3年はオール法政大学とオール日野市が協力し、取り組むことになりました。大学からは実効性ある研究成果を求め、市は新しいまちづくりを視野に入れ、事業協定を結びました。そして今、幅広い協力者を得て進められているのが、「水の郷／日野の地域活性化プロジェクト」です。

このプロジェクトでは、用水路の再生を基本に置き、長期的視野に立つまちづくりへの施策立案とともに、新たなるまちづくり体制の構築もめざしています。本書は、こうした事業協力の中間成果として発刊するものです。

できるだけ多くの人に、水の郷・日野の魅力を再認識していただき、それを磨き上げ、子どもたちに引き継いでいきたい。本書が、公民協働で進めるまちづくりのテキストとして有効活用されるよう祈っています。

むすびに、本書の発刊にあたりご協力いただいた関係者各位に敬意を表するとともに、心から感謝申し上げ巻頭の挨拶といたします。

日野市長
馬場弘融

転換点の道標を求めて

私たち日本人を取り巻く社会や経済、そして暮らしのあり方は大きく変化しました。成熟社会を迎え、ゆとりや個性を求める人びとは、身のまわりの風景や環境、地域の生活文化に目を向け始めています。

法政大学エコ地域デザイン研究所では、東京の水辺空間を再発見し、現代に活かす研究を進めるなかで、幸いにも「水の郷」日野と出会いました。環境の分野で先進地域として知られる日野は、川に囲まれ、崖線に湧水を多くもち、用水路が縦横にめぐる豊かな田園風景をいまだ受け継いでいます。都心からわずか35kmの位置に、長い歴史を背景とする生活に深く根ざした「農ある風景」がさまざまなかたちで存続しています。かつてどこにでもあった風景が、今や住民にとっても、来訪者にとっても、じつに貴重な環境と文化の資産となっているのです。

戦後の近代化で農業は痛めつけられ、都市の周辺から農地が急速に失われました。しかし、今、時代は転換点を迎えています。日本の人口は急速に減少に向かい、高齢化も進みます。都市は縮小するとも言われています。自然環境を大切にし、地産地消の自立した地域をめざす動きも各地で広がっており、暮らしを大切にするイタリアで生まれたスローフード、スローシティの考え方が、世界の人びとの心をとらえています。

私たちエコ地域デザイン研究所は、この日野の土地がもっている大きな可能性、貴重な資産をさまざまな角度から掘り起こし、魅力を描き、「農ある風景」を活かした今後の「水の郷」の地域づくりの道標にしたいと考え、本書を企画しました。地形の骨格、風景の構造から、人びとの生業、暮らしや市民活動まで、歴史軸と空間軸を結んで地域の成り立ちをビジュアルに説明する魅力的な本をめざしました。

まずは日野の市民の皆さんにご覧いただきたいと思います。同時に、このような日野で試みた地域の農ある風景や暮しを調べ、記述し、地域づくりに活かす動きが、全国各地に広がるのを願っています。本書ができるまでには、日野市役所の皆さん、地元の多くの住民、専門家の方々にたいへんお世話になりました。心から感謝申し上げます。

法政大学エコ地域デザイン研究所 所長

陣内秀信

目次

第3章 水の郷を支える人たち

第4章 地域のこれから

1章
日野の骨格

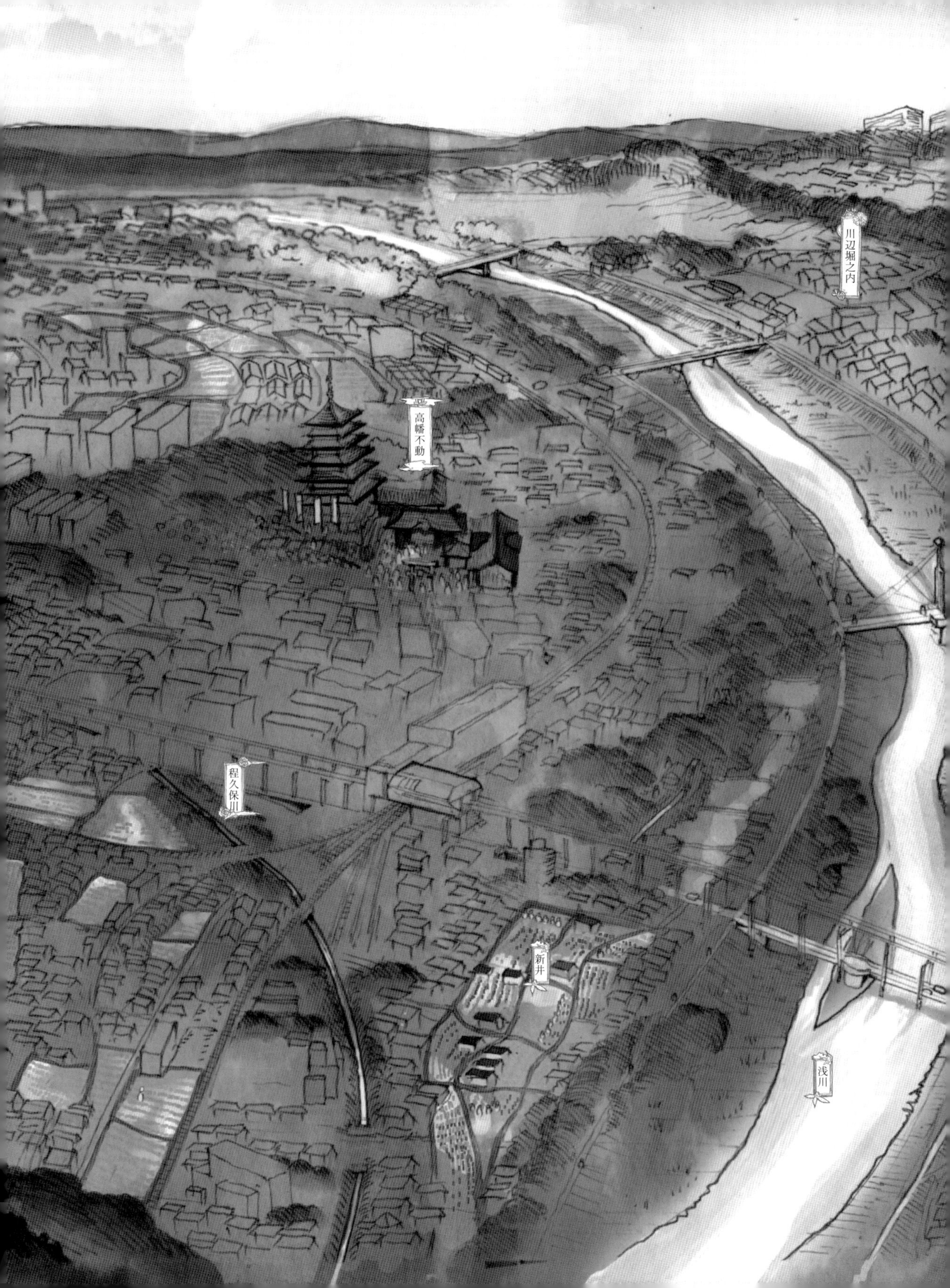
川辺堀之内
高幡不動
程久保川
新井
浅川

1｜1
東京水系のなかの日野

● 東京と日野の地形区分

東京の地形は山地、丘陵地、台地、低地、海、島嶼からなっている。そのうち、人が住むのは、おもに丘陵地、台地、低地であり、日野にはその3つが揃う。東京の西～南部には多摩丘陵、中央に武蔵野台地があり、北～東部は低地となって

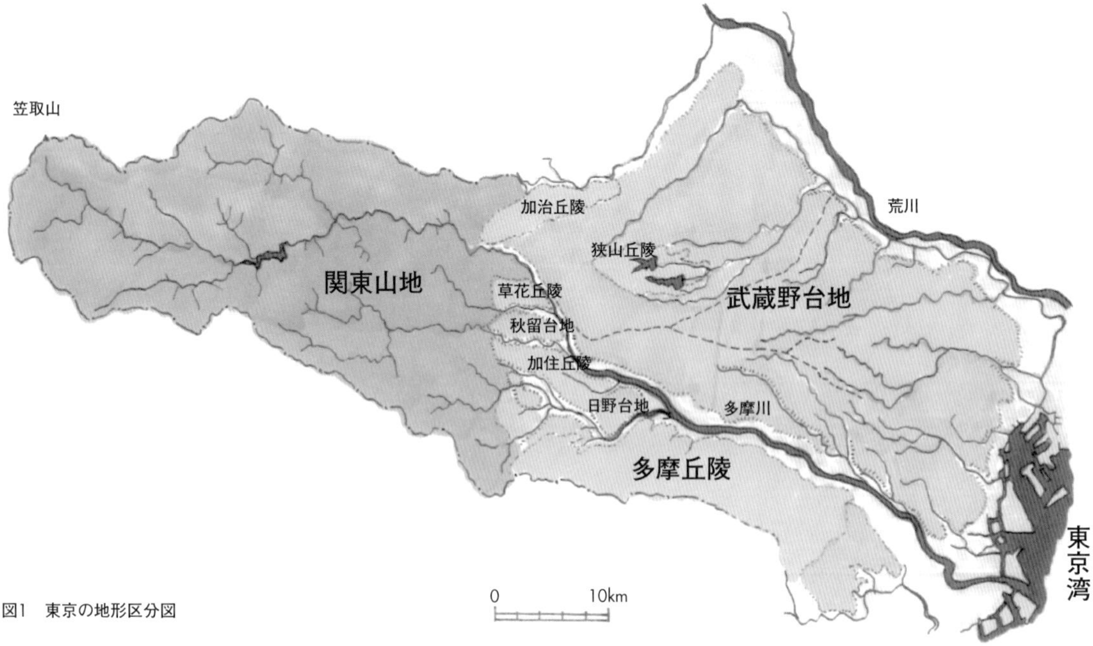

図1　東京の地形区分図

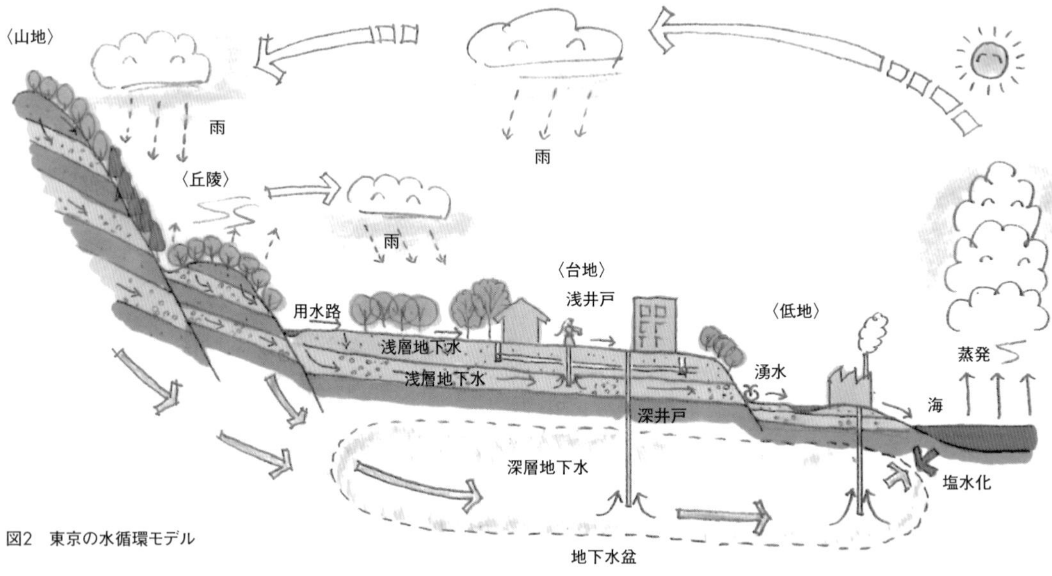

図2　東京の水循環モデル

いる。日野の場合には、西～南部に多摩丘陵、中央に日野台地、北～東部に低地がある。あたかも東京の縮小版のような地形構成となっている。

● 東京と日野の水系

東京と日野の地形が相似である理由は、水系の構成が似ているからである。水系から見た東京は、多摩川と荒川によって構成されている。多摩川は源流部が奥多摩の山地からはじまる急流河川で、青梅を扇の要とした扇状地である武蔵野台地をつくり、東京湾に注いでいる。荒川は秩父山地にはじまり、広大で水の豊かな荒川低地をゆっくりと流れて東京湾に至る。多摩川と荒川は江戸・東京の山の手と下町の文化を形成した川である。

一方、日野は浅川と多摩川によって構成される。浅川は日野付近の多摩川に比べてさらに急流河川であり、扇状地の日野台地を形成している。多摩川は青梅から下流で勾配が緩くなり、多摩川低地を形成しつつ流下している。多摩川のつくった低地と浅川のつくった台地は、日野における旧村文化と新市街地を形成した。

水系には、河川水系だけでなく、地下水系や湧水系、海洋系、大気系があり、人工水系としての用水系、上水道系、下水道系などがある。東京においても日野においても、地下水系と用水系が地域の形成に大きな役割を担ってきた。水の得にくい武蔵野台地は、玉川上水が引かれてから人が住める土地となった。日野台地においても、台地上の市街化が進んだのは近年のことである。東京の下町低地には運河網がつくられたが、日野においても用水路網が広がっている。また、湧水は古代より人びとの生活を支えてきた。日野では黒川清流公園湧水群の名が知られ、武蔵野台地においては野川湧水群が重要であるが、ともに河岸段丘として形成された相似形の崖線湧水群である。　（神谷 博）

図3　江戸・東京圏の水系を南の上空から見ると日野と東京全体の関係がよくわかる

1 | 2
地形の変遷
台地・丘陵・川・沖積平野・用水路・湧水・斜面緑地

● 市内を貫く多摩川と浅川

日野市内には、市西部にある日野台地を挟むかたちで、東西に多摩川と浅川が流れ、市東部で合流する。

台地北側を流れる多摩川は、山梨県塩山市三ノ瀬地先の笠取山を水源としており、山梨県から東京都と神奈川県を通り、東京湾へ注ぐ一級河川である。日野市を流れる多摩川はその中流域にあたる。市内では、谷地川の合流地点近くで多摩川の水が日野用水として取水され、灌漑用水などに利用された後、ふたたび多摩川に合流する。

台地南側を流れる浅川は、八王子市西端の陣馬山と高尾山の山陵を水源としている。段丘崖などの湧水を巧みに利用しつつ、浅川からも取水して沖積地には用水路がはりめぐらされ、田畑を潤した。市内には、多摩川と浅川以外にも、程久保川や谷地川、根川が流れている。

現在、見ることのできる日野市の地形景観の骨格（台地・丘陵・沖積地という三要素）は、火山灰の堆積と多摩川や浅川などに流れる水の長期にわたる侵食作用によって、およそ1万年前までに形成されたものである。その後は、多摩川、浅川の河道変遷や河床レベル変動の影響を受けて、主として沖積地の地形変化が進んだ。

● 川の作用によってできた地形

日野市を特徴づけるものとして、西部に日野台地、南部には多摩丘陵がある。また、沖積地には、多摩川と浅川の流れで形成された沖積段丘面が何段かある。

日野台地は厚くローム層が堆積し、その下には更新世の多摩川や浅川の河床礫がひろがる河岸段丘である。多摩川、浅川の河道が移り、河床レベルが低下することで段丘崖が形成され、火山灰の降下堆積によって、河床と台地との

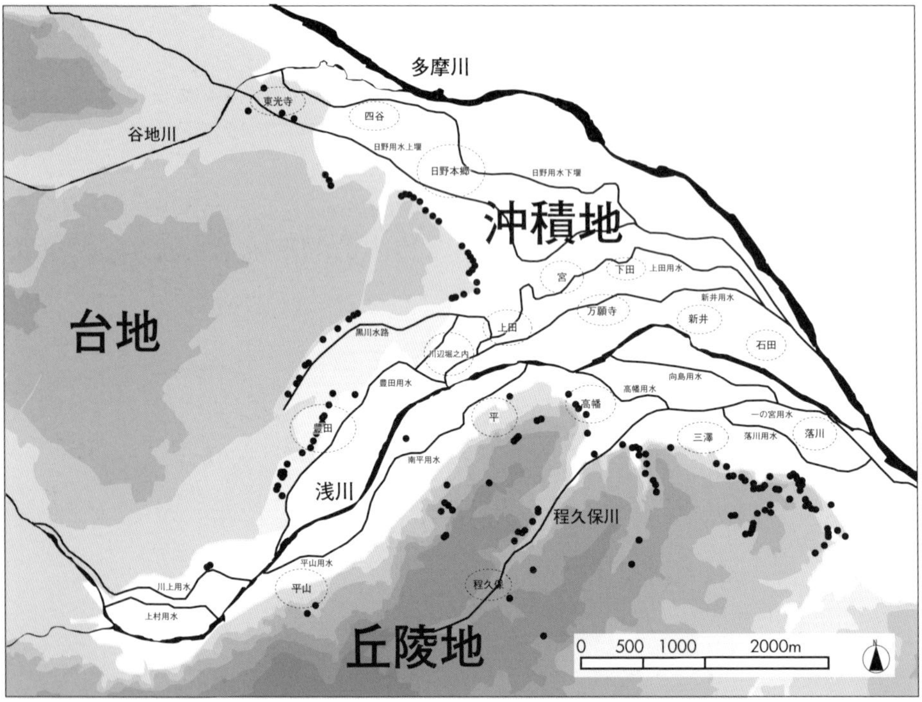

図1　日野市全体の地形と水系

●・・・現在ある湧水の位置　◌・・・近世の集落

高低差が生じるとともに台地上はしだいに平坦になっていった。

複雑な谷の入り組んだ多摩丘陵もかつては台地のように平坦であったが、何十万年という長い時間をかけて流水の侵食をうけ、尾根と谷からなる地形となった。

近年、沖積地でも段丘形成の進んだことが明らかになってきた。島津他（1994）は「多摩川・浅川合流点低地」を3つの地形面に区分し、ふたつの面はすでに段丘化しているとした。それによれば、およそ1万4,000年前から6,000年前にかけて図のL1面は段丘化し、河原ではなくなった。次に6,000年前以降の河床が4,000年前から古墳時代中期にかけてL2面が段丘化し、安定した陸地となった。沖積地は形成された時期が新しいために、旧河道などの埋積が進まず、段丘化後も微起伏に富んでいる。

● 湧水と用水路

市内の水環境にとって、河川のほか湧水も重要な要素である。実際、1955（昭和30）年ごろまでは、台地の段丘崖や丘陵地の裾部ばかりでなく、平地にも湧水が多く存在していた。台地の段丘崖に沿って流れる黒川水路は、湧水が集まってできた水路である。また、丘陵地裾部を流れる用水の多くも、浅川から引いた水と丘陵地の湧水を取り入れて流れている。

（石渡雄士）

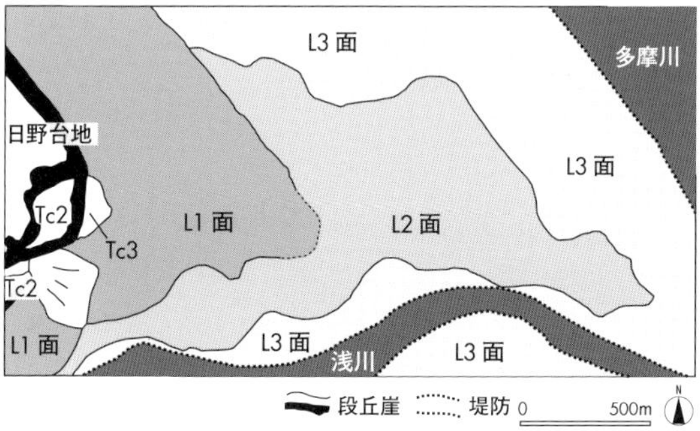

図2　日野台地の段丘面（イメージ図）

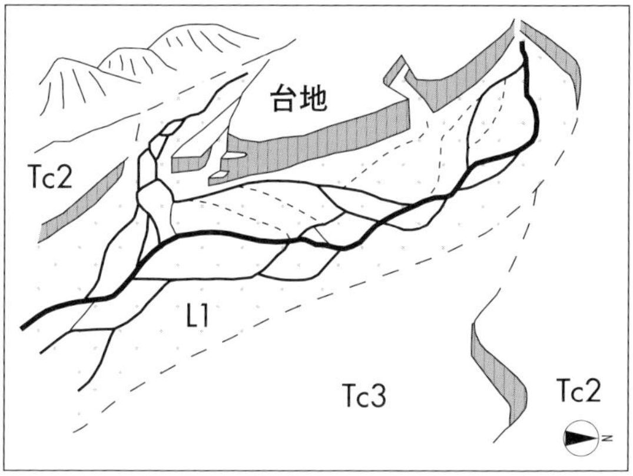

図3　14,000年前〜6,000年前の段丘面イメージ図

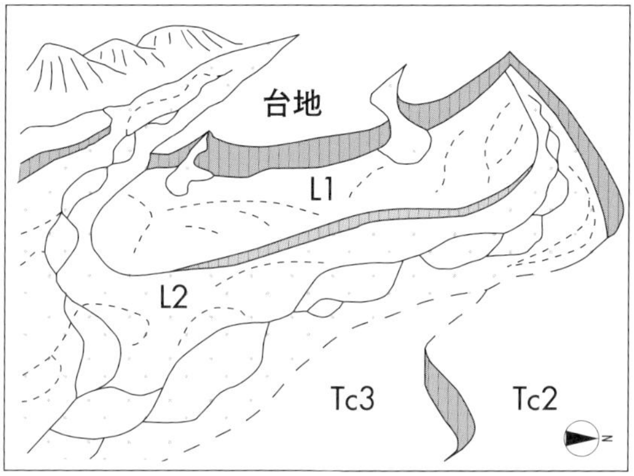

図4　6,000年前〜4,000年前の段丘面イメージ図

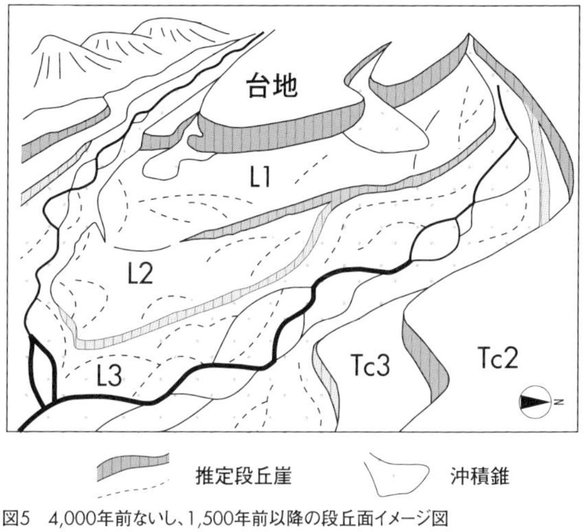

図5　4,000年前ないし、1,500年前以降の段丘面イメージ図

1｜3
考古学からみた日野の原始・古代

● 地形の形成と遺跡からみる集落立地

市内には、これまでの調査で多くの遺跡が見つかっている。はじめて生活痕跡が見つかる後期旧石器時代以降、日野の地形が多摩川と浅川などの浸食作用によって変化したのに合わせて、集落の立地も時代ごとに変遷したことが遺跡の研究からわかる。

● 旧石器時代〜縄文時代早期（L1面が河原の時期）

今から1万年以上前の旧石器時代の地層からは、日野台地上で生活痕跡が見つかっている。七ツ塚遺跡、神明上遺跡などである。この時代は、前ページの図のL1面に川が流れていたため、そこには遺跡が存在しない。

縄文時代早期の南関東では、近くに湧水や川のある半島状に突き出した台地の先端や低い丘陵の先端部の平坦地などに、数軒の住居址からなる小規模な集落が発見されている。市内では、日野台地の神明上遺跡や丘陵地の百草周辺の仁王塚遺跡、万蔵院台遺跡などがある。

● 縄文時代前期〜縄文時代中期（L1面の段丘化）

約7,000年から5,500年前の縄文時代前期は、L1面が段丘化し河原でなくなる時期にあたる。そのため、この面上の多摩川側には新町遺跡や四ツ谷前遺跡、浅川側の台地上には平山遺跡が現れる。どちらも浅川・多摩川に面する段丘または台地上の平坦地に営まれた集落である。

約5,500〜4,500年前の縄文時代中期になると、多摩川に近い台地上の七ツ塚遺跡のように集落が営まれる。浅川側では崖下の湧水や水量の豊かな小河川を望む台地上に発展し大集落を形成した吹上遺跡や平山遺跡などが認められる。

そのほかにも、沖積地のL1面には神明上北遺跡がみられる。また、大栗川の北側の台地上には万蔵院台遺跡がある。

● 縄文時代後晩期〜古墳時代（L2面の段丘化）

約4,500〜2800年前の縄文時代後晩期は、L2面の西部が河床でなくなる時期にあたる。中期までには台地、L1面や丘陵上に集落があったが、L2面の微高地や丘陵裾部にも人びとの生活が営まれるようになった。市内では、L1面からL2面にまたがる南広間地遺跡がある。

弥生時代の生活痕跡は希薄だが、弥生時代の終り頃から古墳時代の初頭にかけて、本格的な集落が営まれる。市内では、平山遺跡、神明上遺跡といった台地上の遺跡のほか、L1面上のNo.16遺跡などで住居跡が発見されている。

古墳時代になると、中期の集落が台地上の吹上遺跡や南広間地遺跡のL2面上で認められている。以後、後期から終末期にかけて七ツ塚古墳群、平山古墳群、万蔵院台古墳群などが台地の縁辺部に築かれ、段丘崖には横穴墓が多数築造された。この時期の住居跡の発見数は多くないが、台地上のみならず、沖積段丘上にも展開している。

● 奈良時代以後

奈良・平安時代には、台地に竪穴住居が展開するが、おおむね10世紀の終わりには、居住の場が沖積段丘上や丘陵の谷戸部、裾部にかぎられるようになり、水田も居住の場の近隣に開かれていく。（石渡雄士）

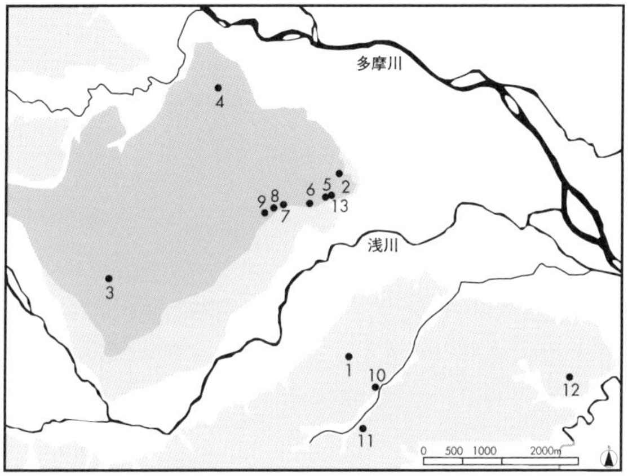

1. 南平遺跡
2. 神明上遺跡 71 次
3. 包蔵地
4. 七ッ塚遺跡
5. 神明上遺跡 9 次 1 地区 ,62,66,22 次
9. 第 81 地点
10. 程久保遺跡
11. 包蔵地
12. 仁王塚遺跡
13. 神明遺跡 No.16 遺跡

図1　旧石器時代～縄文時代早期（L1面が河原の時期）

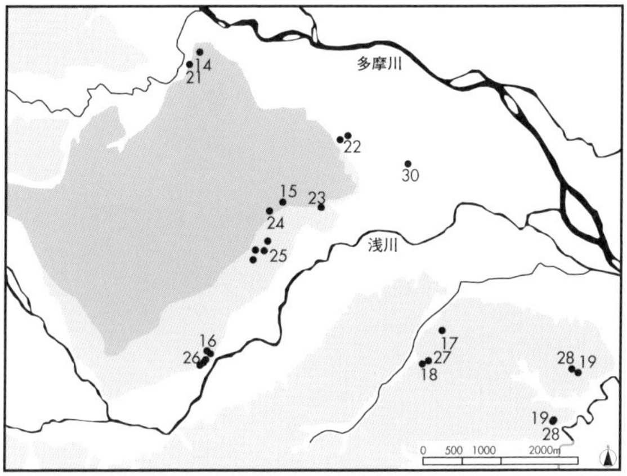

14.七ッ塚遺跡
15.神明上遺跡 第81地点Ⅱ次72次
16.平山遺跡 2,4,9次
17.高幡台B地点
18.高幡台遺跡
19.仁王塚遺跡
20.万蔵院台遺跡
21.七ッ塚遺跡 2次
22.神明上北遺跡 1,2次
23.神明上遺跡 64次,No.16遺跡
24.神明上遺跡 第81地点Ⅱ次
25.吹上遺跡 1,2,3,6次
26.平山遺跡 2,4,9次
平山橋
27.高幡台遺跡
28.仁王塚遺跡
29.万蔵院台遺跡 1次
30.南広間地遺跡 2次

図2　縄文時代前期～縄文時代中期（L1面の段丘化）

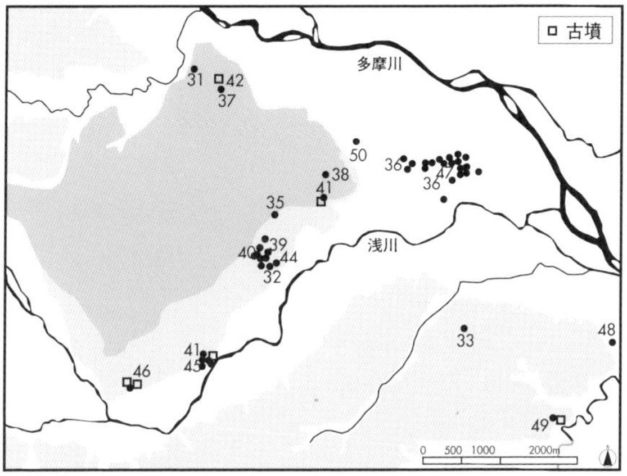

31.七ッ塚遺跡
32.吹上遺跡 4次
33.高幡台A地点
34.南広間地遺跡 試堀調査2次,
7次H地点,9次5地点,
9次15地点,9次26地点
9次28地点
35.神明上遺跡 第81地点
36.南広間地遺跡 試堀調査2次
37.七ッ塚遺跡
38.神明上遺跡 予備調査10,42,52,
58,76次
39.吹上遺跡 2次
40.吹上遺跡 5次(5～9地区)
41.平山遺跡 2,4,9次
42.七ッ塚遺跡
43.神明上遺跡 2次
44.吹上遺跡 1次,
5次1地区,5次5地区,
8次,豊田寺坂遺跡
45.平山遺跡 2,4,9次,
平山橋遺跡
46.平山遺跡 13次
47.南広間地遺跡 2,3次,
7次A･D･H･Q地点,
9次3･4･5･6･12･20･
26･28地点
48.落川･一の宮遺跡
49.万蔵院台遺跡 1,2次
50.神明上北遺跡 3次

図3　縄文時代後晩期から古墳時代（L2面の段丘化）

1 | 4
中世の世界
湧水、小さな用水路、小さな集落

● 中世集落の立地と自然環境

多摩地域において、日野市域では早い時期から集落が発展を遂げた。その理由は市内に流れる多摩川・浅川をはじめ、湧水や小河川からの豊かな水に恵まれた環境にある。多摩丘陵の小河川流域では谷戸田が営なまれ、沖積地では水を得やすい段丘化した下が居住の場となり、集落周辺に水田や畑の開発ができたことも大きな要因である。

遺跡調査の成果からみると、市内の中世集落は沖積地の微高地上に形成されたものが多い。例を挙げると、多摩川と浅川が合流する地点の浅川右岸に落川・一の宮遺跡、多摩川右岸の南広間地遺跡、多摩川をさかのぼったところにある栄町遺跡などがある。

また、丘陵地の頂部には、地形観察から小さな砦の存在が指摘され、平山城や高幡城などと名づけられている。これらの砦は眺望を重視した中世戦国時代の城に多く見られる立地であるが、その詳細は今後の調査が待たれる。

中世後期には、集落とそれを取り巻く広域の水田や畑からなる景観が成立し、近世へと引き継がれていくことになる。

● 沢を中心とした平山の集落

平山地域は、鎌倉幕府の成立に貢献した平山季重が本拠地とした場所である。平山季重の居館は、現在の平山季重

写真1　平山付近の丘陵地と小河川と湧水をもとに発展した集落の様子（1948年）

交流館に位置する場所周辺（明治のはじめまで大福寺があった場所）に存在したことが地名や地割などから推定されている。平山季重とは直接関係がないが、現在の宗印寺とその背後の丘陵頂部には戦国時代ごろの砦跡・平山城の存在が指摘されている。

明治時代初期の公図を見ると、等高線に対して垂直に流れる沢が幾筋も確認できる。また、浅川から取水した平山用水は、等高線に平行に緩やかに流れ、用水沿いは水田地帯が続く土地利用の状況が読み取れる。また浅川右岸には居住域がまとまり、左岸には生産の場が広がるという集村的景観を呈している。こうした沢や用水の構造、集村的な成り立ちは、ある程度中世にまで遡って推定することもでき、今後の調査が期待される。（石渡雄士）

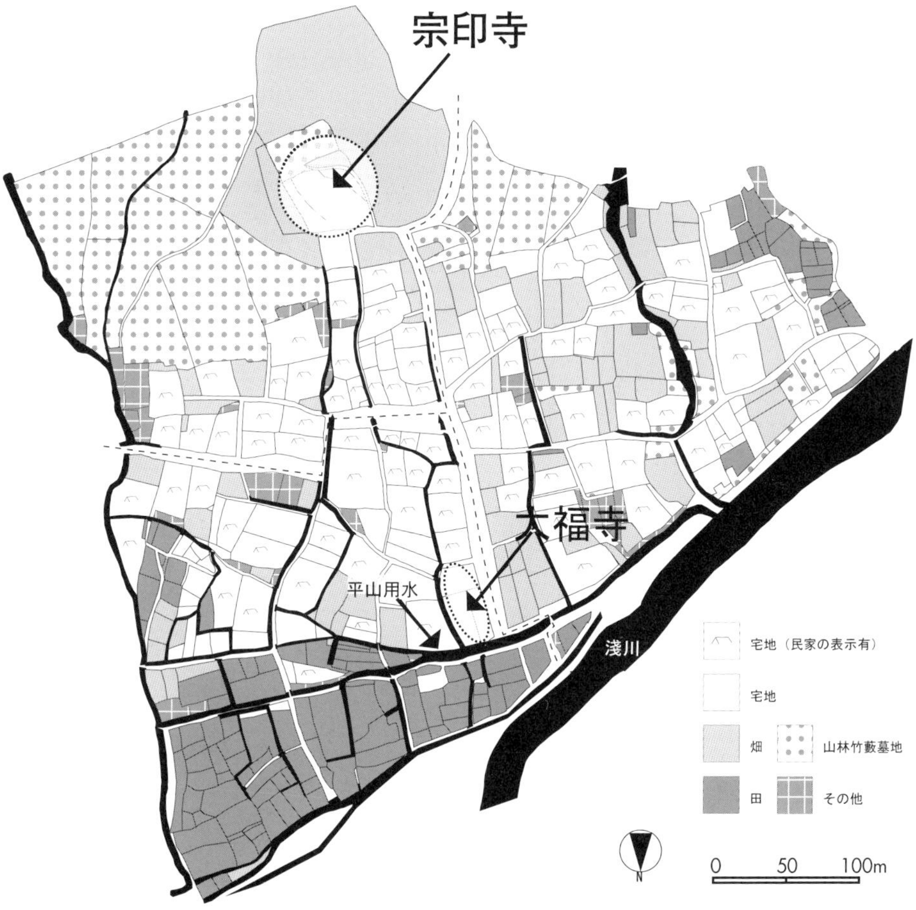

図1　平山季重が拠点とした平山（明治初期の公図をトレース）

1｜5
近世の田園風景
用水路のめぐる沖積平野

● 江戸時代の姿

江戸時代になると、多摩川と浅川の沖積地と多摩丘陵にそれぞれ集落が分布しており、沖積地一帯には用水路網のある水田風景が広がった。沖積地の水田風景については、敗戦直後に撮影された航空写真から、その様子がうかがえる。

近年の発掘調査によって、南広間地遺跡や落川・一の宮遺跡などでは、中世の用水の跡も出土している。

文献記録によると、市内における用水路掘削の最古の例は、1567(永禄10)年の日野用水(上堰)である。多摩川から取水するこの用水は、美濃国(岐阜県)から移住してきた佐藤隼人が北条氏照より罪人をもらい受けて開削されたものである。それ以前には多摩川から直接取水する用水の例がなかったために、その意義が強調され、文献に残った可能性が高い。市内にある川から取水する用水の数は、多摩川よりも浅川からの方が多い。浅川から取水した用水としては、浅川の左岸では豊田用水、上田用水、新井用水などがあり、右岸では平山用水、向島用水などがある。以上の用水路が網目のように広がることによって、沖積地内のほぼ全域の水田化が可能となった。

湧水に恵まれない地域では、用水路なしに集落の形成もありえない。近世後期の沖積地上の集落の分布をみると、用水路との関係の深さがわかる。農村集落としては、浅川の左岸にある豊田用水には、豊田村、川辺堀之内村があり、上田用水は上田村、宮村、下田村、新井用水には、万願寺村、新井村がある。浅川の右岸をみると、平山用水には平山村と平村、高幡用水には高幡村、そして落川用水には落川村がある。また、農村集落だけでなく、日野用水沿いには、宿場町として地域の中心地となる日野宿がある。

日野台地上は、高倉原と呼ばれた広い野原であったが、享保期の新田開発により栗須新田や日野本郷新田がつくら

写真1　沖積地に広がる用水路と水田風景(1952年)

れ、台地上には畑が広がったことがわかる。

● 沖積地に水田が広がる川辺堀之内

沖積地にある近世末の集落がどのような土地利用の状況であったのかについて川辺堀之内村を例に見ることとしたい。

『新編武蔵国風土記稿』によると、19世紀初期の川辺堀之内村は、東西・南北とも八町の規模で、浅川から引いたふたつの用水があり、田畑相半ばを持つ民家40軒の村であったと説明されている。

明治初期に作成された公図をみると、日野台地の崖下沿いに集落が連なっており、崖の上に畑が広がっている。集落周辺の沖積地では等高線にそって豊田用水と上田用水が流れ、用水周辺には水田が広がっている風景がうかがえる。

（石渡雄士）

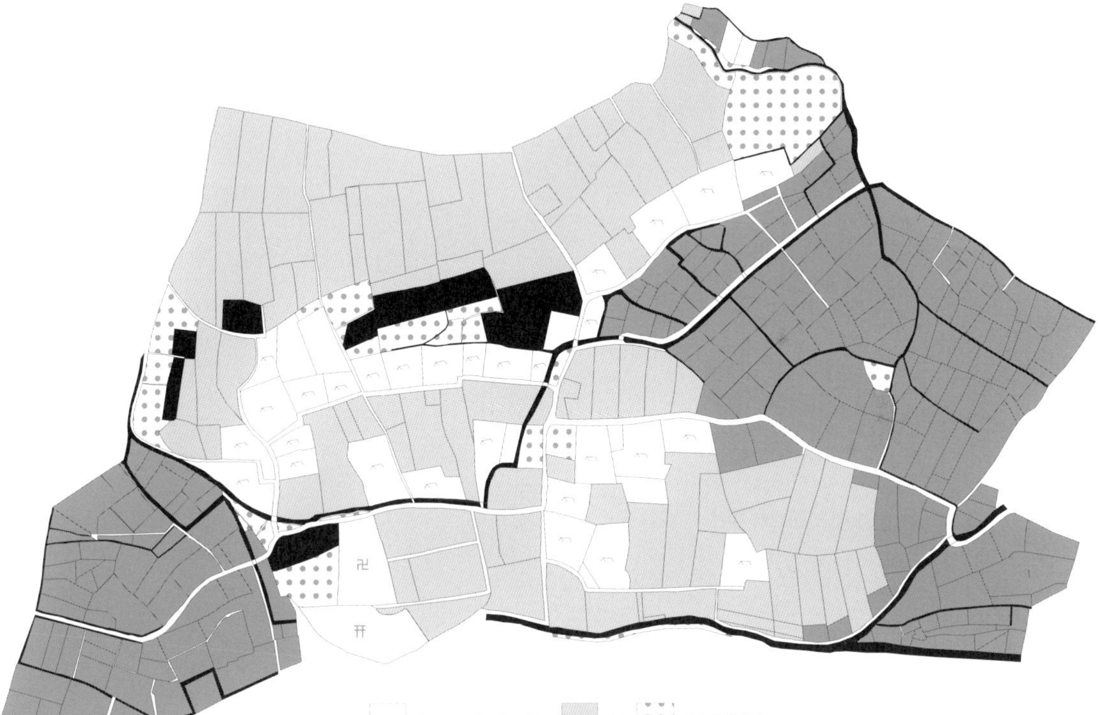

図1　水田と用水路が沖積地に広がる川辺堀之内

1 | 6
近世の宿場町

● 宿場町が整備される以前の状況

現在のJR中央線日野駅改札口を出て、東方面に見えてくる甲州街道沿いの町並みが江戸時代に宿場町があった日野本町である。この街道沿いには、現在も本陣跡が残り、宿場町の特徴である短冊状の敷地割りが継承され続けている。

日野宿は、慶長年間に甲州街道の一宿として定められるが、それ以前にもこの地域は交通の要衝であり、甲州街道制定以前の道（旧道）があった。その旧道は、現在の甲州街道から北へ130mほど離れた欣浄寺や新選組の六番隊長をつとめた井上源三郎の生家（現在は井上源三郎資料館）に面する道であると推定される。

現在の甲州街道周辺にある寺社は、現在のJR中央線西側に近世以前から存在した集落内のものが多い。たとえば、古宿付近にあった普門寺（創建は1398年とされる）と八坂神社（創建は普門寺創建直後とされる）は、同じ1570年に現在の場所に移転したと伝えられている。1570年は、北条氏照により日野本郷の屋敷割りが実施され、日野宿の町並みが

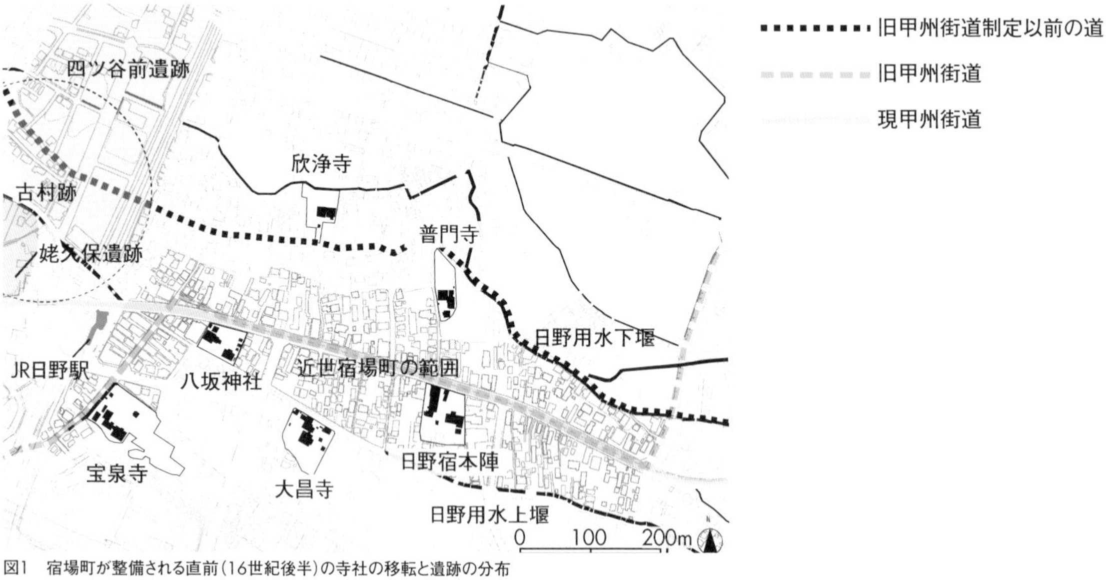

図1　宿場町が整備される直前（16世紀後半）の寺社の移転と遺跡の分布

写真1　宿場町の短冊状のまちなみ

形成された年である。また、姥久保（現在の新町）にあった宝泉寺（創建は1330年ごろとされる）は、天正末（1573〜92年とされる）の焼失に合い、現在地に移転する。

以上のように、日野宿は近世以前の旧道や寺社を再整備してつくられたが、佐藤隼人による日野用水の完成が近世における日野宿の発展基盤となったことも忘れられない。

● 日野宿の成立

日野宿は、1605年（慶長10）年に甲州街道の宿場として定められた。日野宿には、本陣・脇本陣・旅籠屋などの施設や、問屋場が置かれたことから、近隣の農村風景とは異なる発展を遂げた。また、日野宿は、多摩川を渡る甲州街道を行く人びとのために渡船場も経営していた。この渡船場は、東海道にある六郷の渡しと並び、江戸周辺の中でも重要な渡しのひとつとされていた。

日野宿は、街道に沿う下宿・中宿・上宿と東光寺・西谷・北原・下河原・万願寺・谷戸・仲井・山下と呼ばれる農村部からなっており、広い範囲を総称していた。

● 日野宿の風景

明治初期に作成された公図から、宿場町・日野宿の土地利用を見ることとしたい。日野宿は、甲州街道沿いに幅3尺ほどの用水が流れ、街道に沿って短冊状に割られた敷地が並ぶ。その北側と南側には、日野用水上堰と下堰が設けられており、合計3つの用水が流れていた。これらの用水は、街道や宿を利用する人びとの飲料水や生活用水として欠かせないばかりか、周辺に広がる田畑の灌漑用水としても重要な役割を果たしていたと考えられる。

短冊状の敷地は、街道沿いに宅地が並び、その背後は水田や畑として利用されていた。　（石渡雄士）

図2　近世までの水路と土地利用の様子

1｜7
水に魅せられた近代

● 豊富な水を利用した行楽施設

京王線平山城址公園駅から浅川を渡った平山住宅周辺はかつて、少し掘るだけで水が湧き出てくるような場所だった。1936（昭和11）年、この地に豊富な水を利用したレジャー複合施設「鮫陵源《こうりょうげん》」が開園する。園内には養殖池があり、鮎や鰻などの川魚に加えて、観賞用の金魚や錦鯉が飼育され、養殖された魚を調理して出す食堂があった。また、養殖の研究施設や当時としては珍しい洋風公園があり、周辺地域の子どもたちの遠足にも利用されていた。入り口の赤い三角屋根の洋風建築は、農村の風景のなかではとりわけ目立つ鮫陵源のシンボルとなった。戦争の激化にともなって1944（昭和19）年に営業を中止し、第二次世界大戦下の接収によって姿を消していく。現在平山八幡神社境内、湧水の近

図1　鮫陵源《こうりょうげん》案内図、1939（昭和14）年

写真1　赤い三角屋根がシンボルだった鮫陵源正面入口

写真2　八幡神社境内の弁財天

くに祀られている弁財天には鮫陵源の池にあった弁財天も祀られているといわれる。

● 水資源を求めた工場

豊かな自然環境や湧水を求めてやってきたのはレジャー施設だけではない。昭和10年ごろから、日野は工場の誘致をはじめ、企業城下町として新たな顔を見せる。小西六桜社（現コニカミノルタ）、東洋時計をはじめとした製造過程に大量の水を必要とする電気や精密機器の工場が中心に誘致された。そのなかでも日野に根を下ろした工場のひとつが日本篩《ふるい》絹《ぎぬ》株式会社（現NBC日野本社）である。篩絹とは、水車を利用した製粉のふるいに用いられる布である。NBC日野本社は、JR中央線豊田駅を降り、緑豊かな崖線を下った先に位置する。日野町史および社史は、この地が選ばれた理由として、空気が清浄で水質の良い湧水があり、北側の緑豊かな丘陵があること、絹織物の産地である八王子に近いことなどを挙げている。右図に示すように現在でも豊田用水の流れに面し、敷地脇には、手入れの行き届いた小さな水路や生垣、樹木等の緑、さらに敷地内の小さな祠が場所の魅力を高めている。NBCでは現在、工業用の篩や透過膜を製造している。

進出した工場により水の汚染の問題や地下水くみ上げによる湧水の減少と井戸の枯渇の問題も引きおこしたが、農家の生産やくらしだけではなく行楽や工場の生産にまで深く結びついた「水」。日野の近代文化はまさに、これによって花開いたと言えるだろう。

（上村耕平）

写真3　豊田付近の航空写真（1947年）

昭和初期以降、日野に進出した主な工場
●昭和11年　東洋時計株式会社（吉田時計）
　六桜社→昭和12年小西六写真工業→現在、コニカミノルタ
●昭和12年　日本篩絹株式会社→現在NBC
●昭和17年　東京自動車工業→現在日野自動車
●昭和18年　富士電機豊田工場
●昭和18年　神戸製鋼所東京研究所→神鋼電機（その後日野から撤退）
「富士町」や「さくら町」など企業名が町名になっている地域もある。

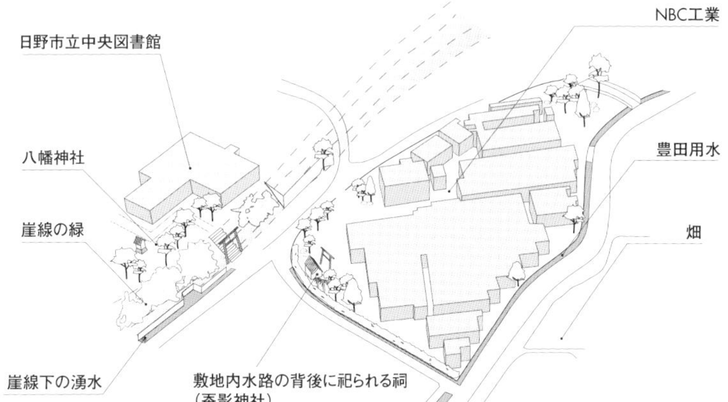

図3　NBC工業日野本社とその周辺（現在）

1 | 8
宅地化と区画整理
“水・農”との共生を試みる日野方式

● 人口増圧力に応える宅地化の歴史

1963(昭和38)年市制施行時に約5万6千人であった日野市の人口は2009(平成21)年4月現在、約17万6千人にまで増加した。JR中央線利用で新宿まで30分の利便性は、都市化の時代に東京の爆発的な人口増加の受け皿としてその圧力を受け、農地などの宅地化が進んだ。早くから計画的な市街化に積極的に取り組んだ市の姿勢にもより、宅地化の多くは土地区画整理事業により進められ、施行中の地区を含めると市街化区域の43%に及ぶ。そのほか計画的宅造地区を加えると市街化区域の過半は基盤の整った市街地となっている。では、「水の郷・日野」における土地区画整理事業には、どのような特徴を見出せるのか。

● “水・農”仕様に対する事業面の制約

土地区画整理事業とは、道路、公園などが不足していて、そのままでは良好かつ有効な土地利用が図りづらい地区などにおいて取り入れられる事業の方法である。地区内の土地所有者が土地を出し合い、新たな公共用地を捻出し、この土地を使って道路や公園を新設することで宅地利用の増進を図る法定事業である。この土地所有者が出し合う土地(公共減歩)は必要最小に止める必要があり、土地区画整理事業においては、いわば「ゆとりある」計画・設計は難しい。

写真1　新町土地区画整理事業地内のよそう森公園。土地区画整理事業がもつ制約の中、“水・農”との共生を狙う日野方式とも呼べる頑張りが続けられてきた。これも区画整理済み地の風景であり、田んぼは公園用地の一部、その先は区画整理上、宅地とした農地である。

たとえば水路用地や緑地をゆったりとれば、それぞれの所有地は大きく減ることとなる。事業後の土地の資産額が事業の実施により実施前を下回るようでは、誰も事業に合意できない。“水・農”仕様とも呼ぶべき水路を活かし、農と共生できる市街地が求められる日野市において、土地区画整理事業によりこれに対応していくことには一般的に大きな困難が伴う。

新町土地区画整理事業
施行者：日野市新町土地区画整理組合
施行面積：53524.23㎡
施行期間：平成6年～平成17年
公共源歩率：20.05%　公共保留地合算源歩率：30.5%

	施行前		施行後	
	面積（㎡）	%	面積（㎡）	%
道路	3341.29	6.24	10124.83	18.91
水路	2317.11	4.33	2336.95	4.37
公園	—	—	2518.69	4.71
緑地	—	—	274.89	0.51

表1　公共用地の土地種目別施行前後対照表

●　時代推移により進む“水・農”仕様

膨大な人口圧力に対応するために行われた初期の土地区画整理事業地区では、“水・農"を強く意識した取り組みは見出されず、効率的設計と言うべき通常型の街区設計となっている。このような状況に対し、市域の北西に土地区画整理事業によって確保された「よそう森公園」では、公園内と隣接地で農地との共生が図られている。

区画整理事業計画の制約があるなかで、水路を自然な造成にすることを心がけるほか、経路の集約などを行わずにゆったりとした水路用地を確保している。実現の背景にかなりの頑張りがあることがうかがわれる。水路面積は施行前より微増した画期的事業といえる。

区画整理事業では公園を水田にしていることも特徴のひとつである。3面あるなかの1面は、隣接する東光寺小学校の食農教育推進の一環として子どもたちが米を栽培している。ほかの2面は公民館が主催する田んぼの学校として市民の実習田となっている。このような農を生かした区画整理事業の誕生にも、用水の保全に取り組んだ市民の働きかけなどが背景にはある。

全国に先駆けて清流を守る条例を定め、これと関連づけられる農地や営農環境保全と都市開発を調和させてきた日野市であるから、これからの区画整理事業でも意欲的な取り組みがおのずと期待される。区画整理組合と市で苦労も多いと思うが、これまでの取り組みの姿勢と成果の上にたったすばらしい環境創造を期待したい。　　　　（高見公雄）

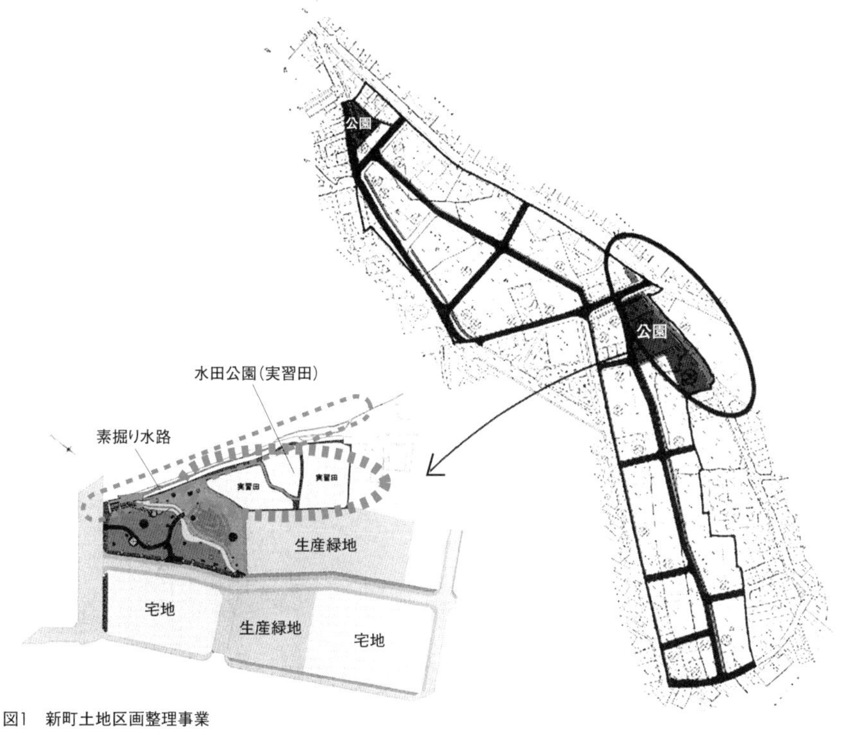

図1　新町土地区画整理事業

憧れの川への思い

山本由美子（浅川勉強会）

日野に移ってきたのは昭和38年、ちょうど市制施行が実現されて日野が市になった年だ。

息子が小学1年のある日、近所の人に近くを流れている川の名を聞いた。「浅川」——憧れの川に出会えた。すぐさま主人と見に行く。当時橋が架かっていなかったので道路はそこで行き止まりだった。川は私の予想を裏切ってかなり濁っていたが、大勢の若者たちが素潜りで手掴み、ウナギやナマズそのほかの魚をバケツに2杯ほど捕まえていた。私の家の周りの用水には10cm以上もある魚が群れて泳いでいる。なんでこんなに魚が多いのかと驚いた。

その後川向かいの万願寺に移ることとなったが、その間用水も川も生きものが驚くほど減っている。都市になることはこんなにも生きものが棲めない環境になるということなのか。大きな疑問。そんなある日、当時遊泳禁止だった浅川で泳いでいた近所の子に、「汚いから帰ったら体をよく洗ってね」と声をかけた。そのとき私のなかで何かが弾けた。自分があれほどさまざまな生きものたちと出会えた空間、楽しいこと、悲しいこと、驚き、発見、そして畏れを教えてくれた川に汚いからという私は何だ。子供が汚すわけではない。どうにかしなくては。何とも言いようのない感覚だった。思いついたらすぐ動くのがよいところでもあり、悪いところでもある私。淡水魚の専門家であった友人と浅川勉強会を立ち上げたのは間もなくのことである。

水の郷コラム

評価の声を励みに

小笠俊樹（日野市役所職員）

日野市の水辺行政に携われるなかで、市民との勉強会や全国各地にも足を運び、よい事例、悪い事例を目で見て、日野市内での現場に活かした。入庁当初、大きなボックスカルバート（暗礁）やU字溝の敷設工事の担当をしたりした。その後、平山ふれあい水辺整備、新井用水ふれあい水辺整備、浅川・程久保川合流点ワンド整備など水辺環境の改善事業に携わり、水辺の復元を進めた。

とは言うものの、毎年、「草を刈れ」、「水路清掃に来い」など市民要望が年間500件ほどあり、ルーチンワークは苦情処理、維持管理上はコンクリートの水路の方が……と思ったことが決してなかったとは言えない。まして素掘の水路を残していくには、浸水被害をだすわけにはいかない。大雨の際の水門調整など日夜を問わず、対応してきた。

それでも、向島用水親水路整備などいくつかの事業が評価され、市外からの視察も増えた。自分たちの仕事が評価されていくと、仕事に対する熱意も増してくるものだ。日野で用水が残り、その用水を活用した水環境整備の事業が評価された。やはり、地域の素材を残していかなければと再認識した。

向島用水歩き

水の郷コラム

日野に生まれ、育って

馬場弘融（日野市長）

私は昭和19年の日野生まれ、日野育ち。

わが少年時代は昭和20年代から30年代はじめになります。人口はまだ2万人ほどだったでしょうか。日野駅から眺めてもまだ田んぼが目立っていたころです。

日野は多摩川・浅川のおかげで、水に恵まれたまちです。東京一の米どころでありました。家の近くを用水路が走り、子供たちはそれぞれに名前をつけて遊びました。

第一小学校北の水路は「裏の川」。川に面した家々には、一軒ごと洗い場が設けられ、洗濯はもとより野菜まで洗っていたのです。

校庭南の山沿いを日野駅方向から流れる川は「山下堀」。私たちがいつも魚採りをした川です。フナ・ハヤに加え、ナマズも採れました。水田の脇を流れていたので、夏にはトンボが飛び交い、秋にはイナゴ捕りでした。少し下流の山に近づいた藪には、蛍がいました。おろしたての竹箒で、暗闇に浮かぶ蛍を捕まえた夏休みの光景は瞼に焼きついています。

用水路の土手は、田の土を叩いただけで柔らかでしたから、適当な幅のところでは「棒とび」で遊びました。土手を壊してしまうとお百姓さんにしかられたものです。

第一中学校近くの川は「下堰堀」。水量が多いうえに水車小屋や爆弾穴があったりして、変化のある川でした。中学校から多摩川までは水田に沿ったあぜ道です。友達と川遊びの道すがら農林省の日野桑園わきを抜け、点在する農家を過ぎて多摩川に至る道のありようは、今でもはっきりと思い出すことができます。

2章
風景をつくる要素

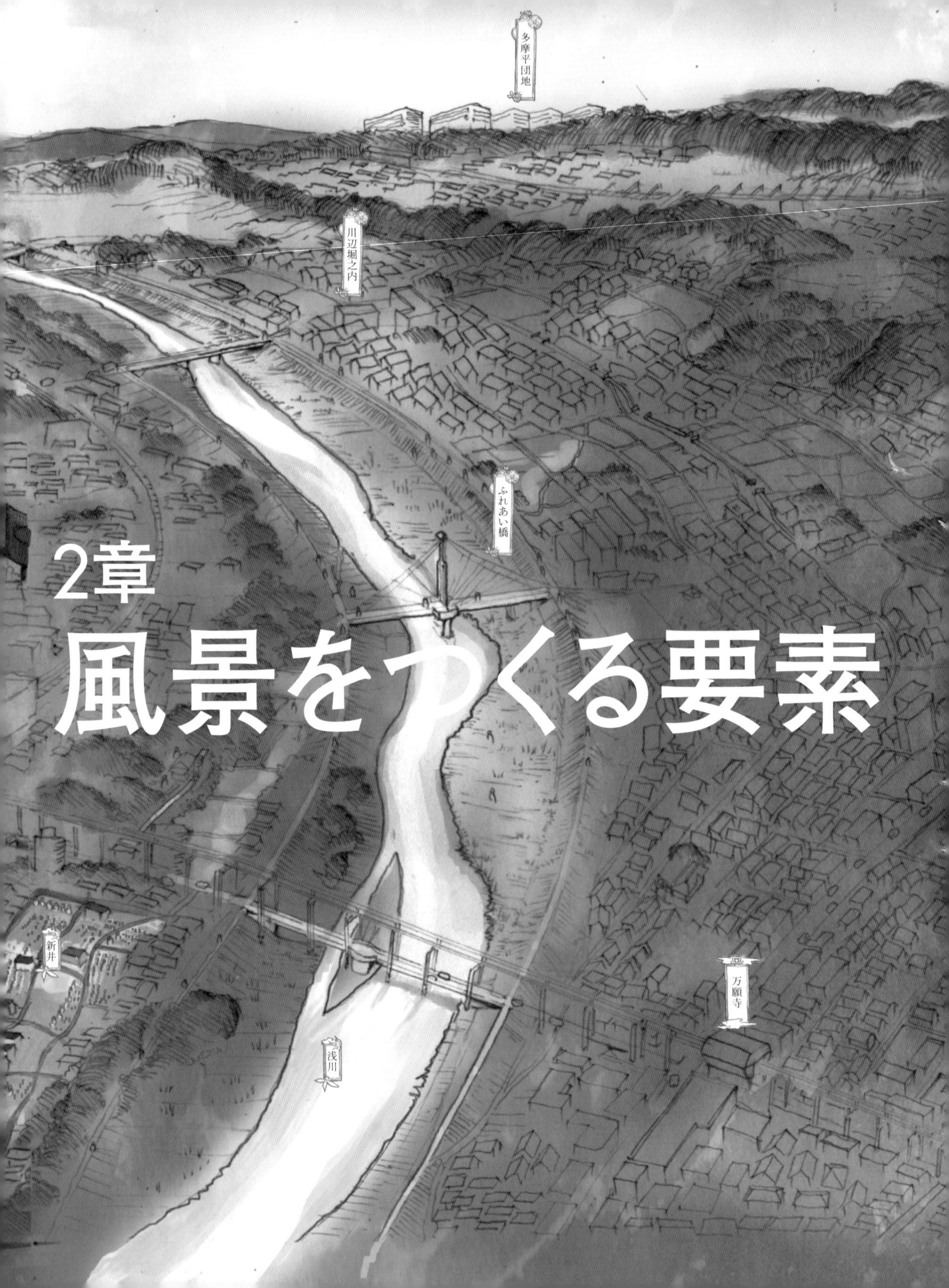
多摩平団地
川辺堀之内
ふれあい橋
新井
万願寺
浅川

日野市役所
日野バイパス

2 | 1
地質からわかる河川

● 日野市の河川

日野市は府中、国立を通り、甲府に向かう国道20号線沿いの東京西部郊外の宿場町でもあり、浅川が多摩川に右から合流する地点にある。多摩川と浅川に挟まれた三角形の日野台地は、北側に多摩川が流れ、対岸は立川市である。立川とはJR中央線と多摩モノレールの2本の鉄道で結ばれている。北加住丘陵と南加住丘陵の間を源流とする谷地川が八王子市の境界付近で多摩川右岸に合流している。その上流約2kmの八王子市内に日野用水取水口があり、日野用水は日野市の多摩川右岸地域を潤している。陣馬山（857m）に発し、西から東に向かい、多摩川に合流する浅川は左岸・日野台地と右岸・多摩丘陵の間の市中央南を貫流している。平山橋付近から豊田用水を取水し、かつては浅川左岸の田園風景を形成していた。さらに、浅川の南側（右岸）の七生《ななお》地区は、多摩川との合流点付近に高幡不動尊（高幡金剛寺）があり、ほとんど宅地化された丘陵が上流の八王子市の方面に繋がっている。多摩動物公園付近を源流とする程《ほど》久保川《くぼがわ》が浅川とほとんど同じ地点で浅川の右岸から多摩川に合流している（写真1）。

多摩川右岸と浅川両岸の河川沿いに細長い沖積低地が展開し、先述の日野用水の流末は根川となり、多摩川に排水されている合流点付近の万願寺・石田地区は都市化の波が著しく、モノレールが通り、近代的な市街地を形成している。

● 地形と地質

関東山地東端の東の八王子市に手掌の指状に丘陵部が突き出し、その間を浅川とその支川が流れる。日野市は八王子市の東の浅川と多摩川の合流点の台地を形成している（図1）。

地質は山地部が古生代～中生代の堆積物と火成岩からなる小仏層群で構成され、丘陵部や沖積地の基部は西部が礫層や陸成岩、東部が砂岩や泥岩から成る。表面は関東ロームで覆われている（図2）。

日野市付近の多摩川や支川浅川の河床には新第三紀層の土丹《どたん》（粘土やシルトが固結したもの）が露出している箇所がある。

（西谷隆亘）

写真1　多摩川と浅川の合流地点

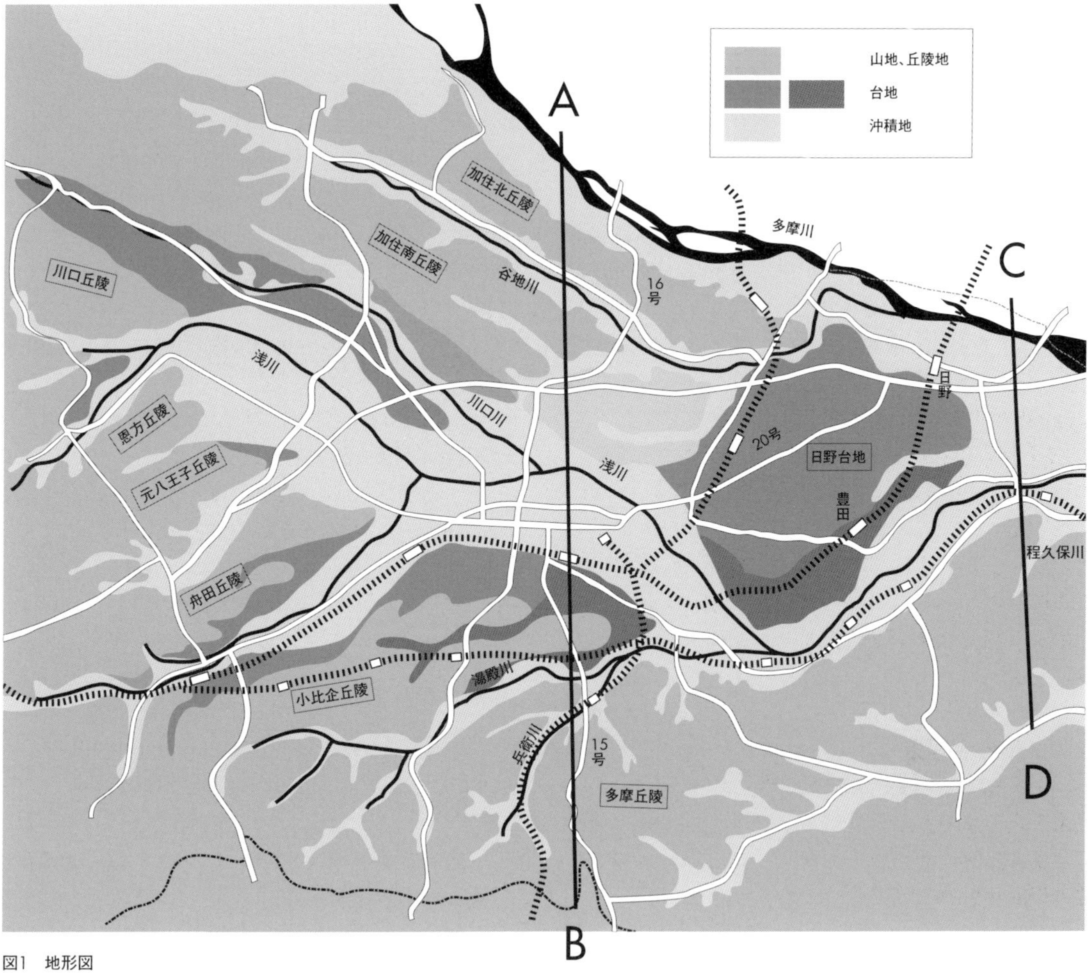

図1　地形図

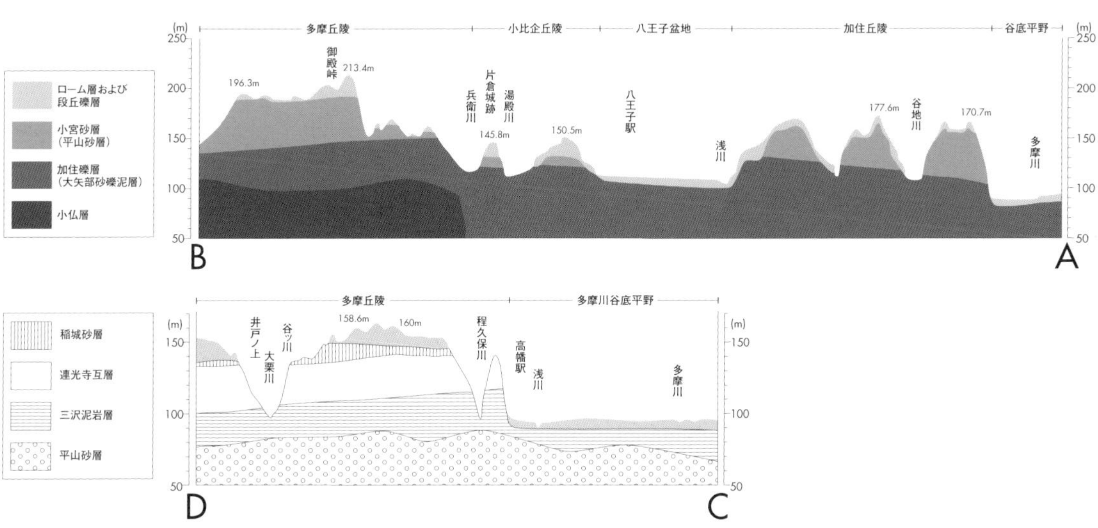

図2　地質断面図(出典:新多摩川誌[国土交通省京浜河川事務所])

● 多摩川

旧多摩川は関東山地より出て、JR青梅駅付近を扇頂とし、荒川に至る東西に広がる扇状地を形成している。現在の多摩川は山梨県塩山市の笠取山（1,953m）を水源とし、東京都奥多摩町に入る。青梅市下流部は関東山地の裾野である草花丘陵・加住丘陵に沿って、その多摩川扇状地の西端を東南東の方向に東京都西部および神奈川県川崎市を流下し、東京湾に注ぐ。日本の河川のなかではかなりの急流に属する（図1）。

・流域面積：1,237.5km^2（全国一級河川109水系中50番目）

・河川延長：588.2km（幹川）

・河川勾配：1/140〜1/100

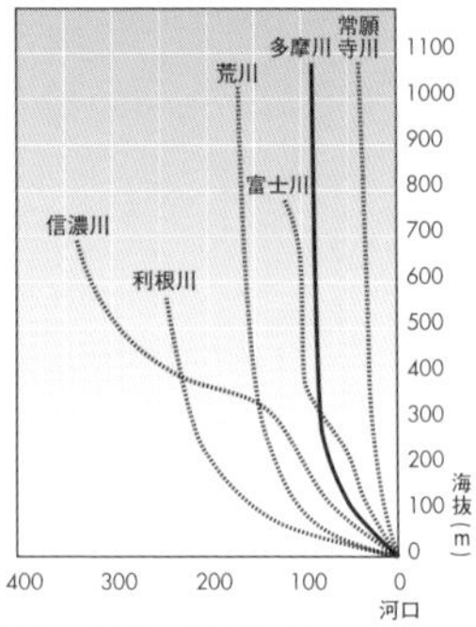

図1　多摩川の河川勾配

写真2　昭和30年代の多摩川・中央線鉄橋下の夏の風景

写真3　平成21年の多摩川・中央線鉄橋下の風景

● 浅川

浅川は、関東山地東端の陣馬山を水源とする。南浅川、川口川、湯殿川などの12支川が流入し、扇状地上に開けた八王子市、日野市の中央を東に流れ、日野市落川地先で多摩川に合流する。日野市は流域面積の約8％ほどである。

現在、河床低下が進み、用水の取水が困難になりつつ課題を抱えている。

・流域面積：156.1km^2

・河川延長：30.16km（本川）

・河川勾配：1/150〜1/230

写真4　浅川沿いの風景

写真5　浅川の礫河原き

● 谷地川（多摩川右支川）

八王子市上戸吹付近から滝山丘陵南側を流れ、日野市栄町で多摩川に合流する。谷地川の両岸には加住丘陵が連なっている。河川改修により日野用水は、現在、谷地川上部を横断している。

蛇行した川は都市化による洪水対策のため直線化されている。

・流域面積：18.2km^{2}
・河川延長：12.90km
・河川勾配：1/200〜1/100

写真6　谷地川流域の風景

写真7　谷地川流域の風景（谷地川上部を横断する日野用水）

● 程久保川（浅川右支川）

日野市池ケ谷戸（元多摩テック付近）に源を発し、落川で多摩川に合流する。浅川右岸の多摩丘陵地帯の湧水を集めて流れる。丘陵地の開発により洪水の危険があることから河川改修され蛇行していた河川は深く直線化した。多摩川合流付近に市民要望によりワンドがつくられた。

・流域面積：5.0km^{2}
・河川延長：3.8km
・河川勾配：1/240〜1/135

写真8　程久保川の流域の現況

写真9　程久保川ワンド

2｜2
用水路の多面的価値

● 水文化の形成を支えた歴史的基盤

稲作社会である日本は、さまざまなかたちで水を利用して国土を創ってきた。河川に井堰を設け、一定の水を水路によって田地へ引き入れた。また、通水の途上で集落や都市を通し、生活用、産業用、親水用、景観用、水運用など多面的に利用してきた(図1)。

水が不足するところでは、溜池をつくり水源を確保したり、大河川の下流や湖沼地帯では、水路網を形成し稲作を行ってきた。

稲作する地域の通水を目的として開削された水路網の水利システムを概観してゆくと、その地域住民の生産、生活環境を包含し、水がもたらす効用や恩恵を享受する空間が台地に刻印されている(図2)。

大、小の水路網が張りめぐらされていることで、地域に水を浸み込ませ、生物を養い、生産業を活発化させる。これとともに、生活用全般の水として人を喜ばせ、祭礼や地域文化を育んできた。この水利用環境をつくりあげた水利システムに、筆者は「環境の宝物」として関わってきた。

昭和30年代から始まった高度経済政策を旗印に掲げた国土の急激な開発の波は、水田、集落、都市の空間構造にも広く及んだ。昭和後期に入ると、国土の都市化、高密化が進む。歴史的水路システムは、通水の機能性を追及した水利施設に変わり、多面利用されてきた水路が、コンクリート化されたり、パイプラインや暗渠化された。城下町や宿場町のなかで長年、活用されてきた水路空間も大幅に減少した。

近年になって、国政レベルや地方自治体、水利施設の管理者などによって、これら歴史的水路環境を保全、継承、活用する諸事業や、住民主導の保全運動などが展開されるようになってきた。しかしいまだに有効な方策とはなっていないのが現状であろう。このような時流のなかでまず問われるのは、集落や都市内の歴史的水路が保有している「価値」のことである。これが国民的レベルで合意形成されれば、現在進められている水路環境改良に関する諸事業に、良好な評価を得ることになる。さらに都市のなかの水路再生に新たな方策や整備計画等が提出され、住民の協力も活発化されよう。

水田地域と農家、住宅が入り混じるなかを清流をたたえる豊田用水の水利用調査を行ったのは1980(昭和55)年6月であった。水利用形態が多様で、都市域のなかの水路風景を残し、水辺の生態的密度が高いことを知る。将来においては、これらの環境が景観的遺産になると考えたからである。川が身近にある街、水路とともに発展してきた街、それが日野

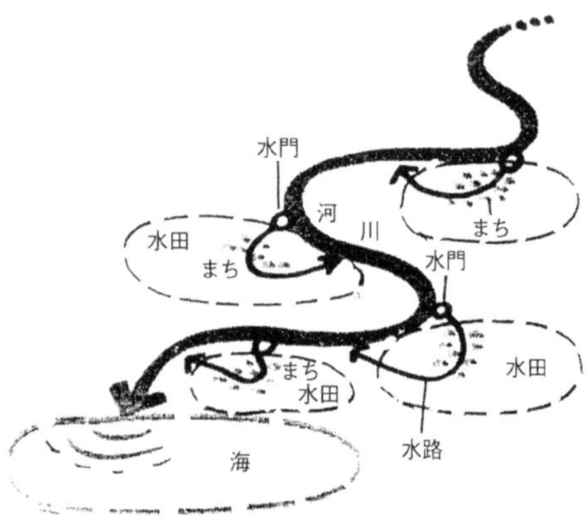

図1　河川が水系軸となり、水路によって水の「反復利用」がおこなわれている状態の概念図

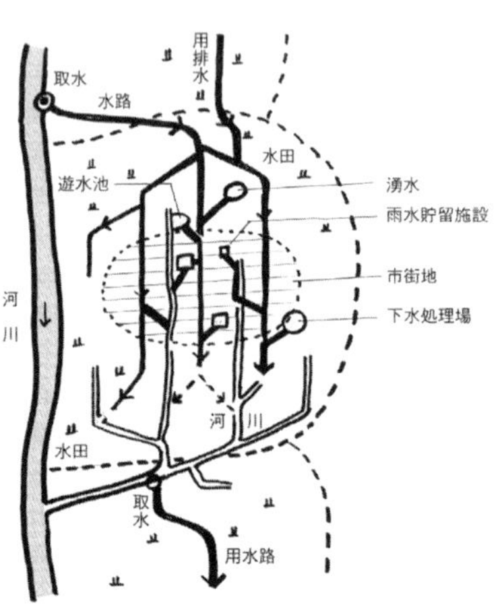

図2　「地域用水」となっている水路配置システム

市の原風景といってよいであろう（図3）。しかし、浅川、多摩川をはじめ用水路が網目状にはりめぐらされ、その水空間による潤いに満ちた都市のなかの田園風景も徐々に消失し、宅地化が進み、水路が有している「価値」が薄れつつあるのではないかと思われる。

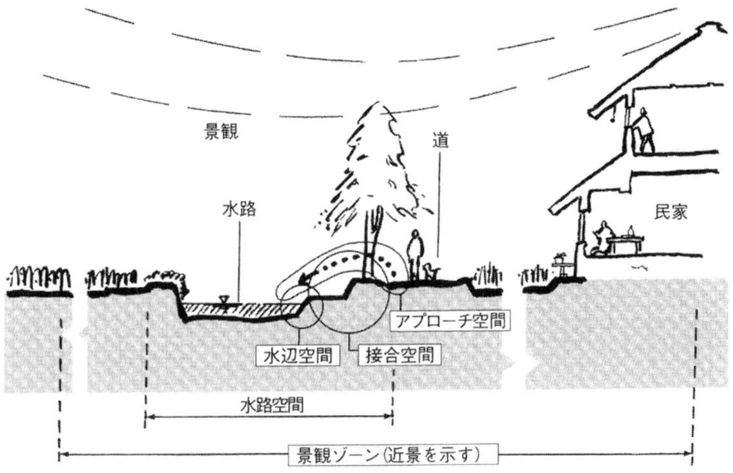

図3　水路空間を構成する要素に名称を付けた概念図

● 歴史的水路空間が保有している「価値」

先人たちが創り残してくれた水路空間には、どんな価値や効用があるか、さまざまな領域から視点をあて、その要点を列記しておこう。

〈稲作を支える価値〉——稲作に適合した水利用システムは、諸々の環境資源と融和して土壌を蘇らせ、生物、植物を育む地域固有の生態的環境を支えるとともに、集落や都市における多面的水利用を可能にしている。また生活に必要な生産業に利用されたり、水車の稼動や舟運の利用など生産活動全般にかかわり多大な価値を生み出してきた。

〈地域の象徴的価値〉——歴史的な取水堰のある空間は機能的であるばかりでなく、美的風景を残存させている。水

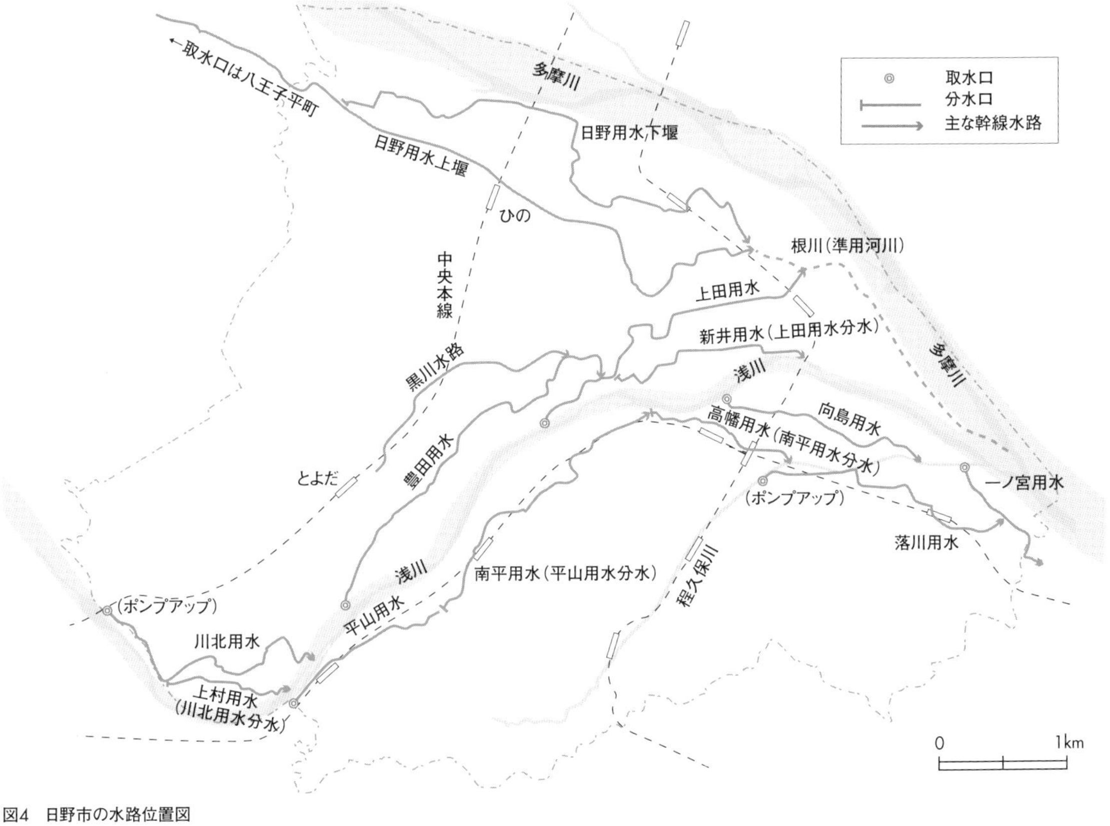

図4　日野市の水路位置図

門の近くには水神様が祀られていたり、水路開削の歴史や背景を伝える石碑が建てられた広場がつくられている。この広場に立つと先人たちの「取水への想い」や、水への感謝の念が伝わり、水路があることへの愛着心がわいてくる。

〈歴史的・文化的価値〉——水路施設の建設や維持管理には、土木技術の応用、工事参加者たちの人間模様が息づいている。水を合理的に配分利用するために考え出された水利慣行や雨乞いの行事、水神祭の発生は、地域独自の水文化をつくり上げて継承されている。

〈環境浄化機能を支える価値〉——長年にわたって通水されている水路周辺域には、地中の水を浸透させていたり、草木を繁らせ、水辺固有の生物が棲みつき、潤いのある水辺空間を形成させる価値をもつ。歴史を経て形成された自然的環境を保全するため働きかければ、豊かな都市空間が創出される。

〈環境教育の効果を高める価値〉——伝統的水利施設の保存、活用というテーマをもって接近すると、水や生物などの自然環境とのつきあいかた、水確保の知恵、水と稲作との関係、水辺の生態系の仕組みなどが「地域の宝物」として見えてくるようになるし、水路網をつくり上げた先人の労苦に感謝する心がめばえる。水路空間が都市のなかにあることは、環境学習するうえで貴重な教育教材となる。

〈歴史的景観を形成する価値〉——伝統的水路空間が、農村集落や都市（城下町から発達した集住地）などのまち並みと一体となって残るところでは、歴史的景観をただよわせており、住まう人の心をやすらかにしてくれるし、その美観に着目して、芸術・文学などの表現のモチーフとなる価値を内在させている。

〈農業土木技術を継承する価値〉——伝統的な水路網は、土、石、木など素材を用いて目的とする構造体をつくり、取水し、目的地へ通水させ、稲作地、集落、都市へ水を引き利用するシステムを付設している。各地に存在する水路は、現代においても、水の恵みを受ける「知恵」や技術を授けてくれる。

写真1　豊田用水の取水口

〈観光資源としての価値〉――水路空間は、各地で名所となっていたり、史跡に指定されているところがある。保存状態が良いものや、地域特性があるものは、観光資源となって利用されている。

〈都市のヒートアイランド現象を緩和する価値〉――高密化した都市空間に涼風を発生させ、夏期のオアシス空間づくりに活用される。

〈まちづくりの空間軸（骨子）としての価値〉――歴史的水路は、集落や城下町の中を長年にわたって流れ、環境形成のよりどころ（空間軸）となってきた。水路がもつ多面的価値を高めるための計画・技術を施せば、近未来にむけた水の恵みを受けるまちづくりの新たな空間軸となる価値をもっている。（渡部一二）

写真2　川辺堀之内の水田を潤す豊田用水と堰

写真3　住宅地を流れる豊田用水

写真4　豊田用水の分水

2 | 3
地形と用水路

● 地域に根ざすルーラルランドスケープ

日野において、総延長100kmを越える用水路網が介在した営みから見える生活景、そしてその用水路網を支えてきた水系、地形の自然の景、土地の景がその景の後ろに控えている。それがひとつになったものが日野のランドスケープと言える。用水は大小の地形の変化や低地内の自然堤防などの微地形を巧みに利用して水路網を創り上げた。そのため用水は地形に合わせて揺らぎ、その揺らぎが水辺と共鳴して柔らかな風景となったのである。

幹線となる用水沿いは、微高地が集落に、低地が農耕地（水田）になっている。浅川左岸では微高地の後背に斜面林と上部の台地地形を持っている。台地は畑地である。畑地・斜面林・集落・用水・水田が並ぶ土地利用がなされている。その向こうには多摩丘陵地の山並みが見渡せる。優れた農村景観を実感する。

写真1　台地、斜面林、微高地の市街地、低地の水田

● 日野の地形と用水路網

〈多摩川右岸（日野用水上堰、下堰）〉——多摩川から取水されている日野用水上堰は、台地低位面の中央を概ね落差10m（標高約80m～70m）を流下している。日野用水下堰は、上流で上堰に沿いながら低地を流下し、また上堰分水の受け水路となる。

〈浅川左岸（黒川水路、豊田用水、上田用水、新井用水、川北用水、上村用水）〉——黒川水路は、日野台地からの湧水を集めて崖線の裾を流れる水路である。浅川から取水された豊田用水は、台地低位面と低地の境の微地形を巧みに生かしながら流下している。多摩川右岸に連なる低地には、最も北に日野用水、その南に上田用水、浅川沿いに新井用水が梯子状に敷設された。このことから上田が日野の、新井が上田の受け水路になっているなど水網が巧みにコントロールされていることが読み取れる。

〈浅川右岸（平山用水、南平用水、向島用水、高幡用水、落川用水、一の宮用水）〉——浅川右岸では多摩丘陵の裾に山裾型集落が形成されていた。かつての七生村の地域である。これら集落の北側低地を用水が浅川に沿って敷設された。平山、南平用水は山からの湧水も水源としながら流下している。最も下流部低地では程久保川からの取水（落川、一の宮用水）用水もある。この地域では高幡不動、百草園という江戸時代からの名所がいまでも多くの参詣者、観光客を集めている。

（浅井義泰）

図1　日野の地形図

図2　日野の水路網図

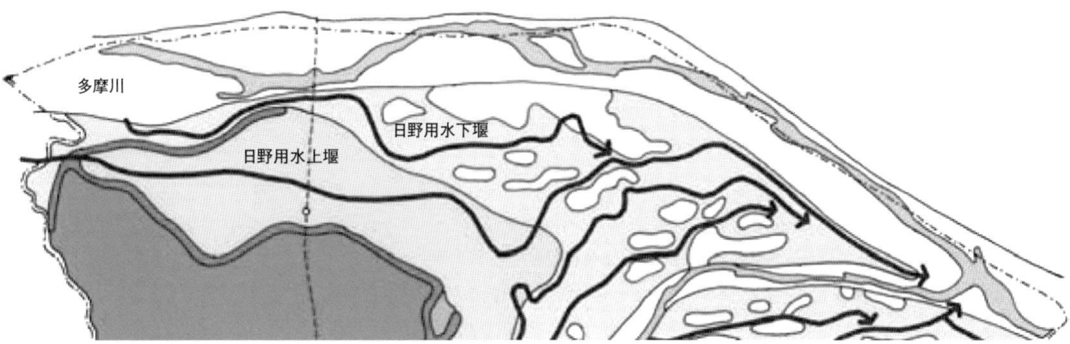

図3　多摩川右岸用水路網図

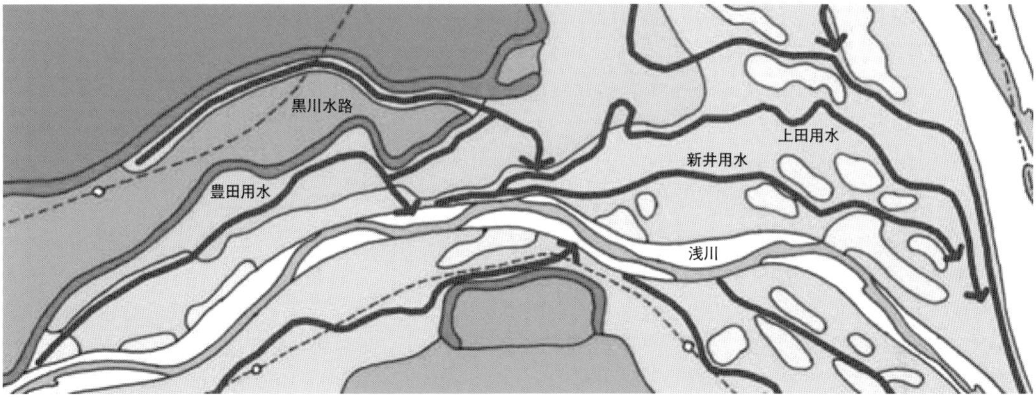

図4　浅川左岸用水路網図

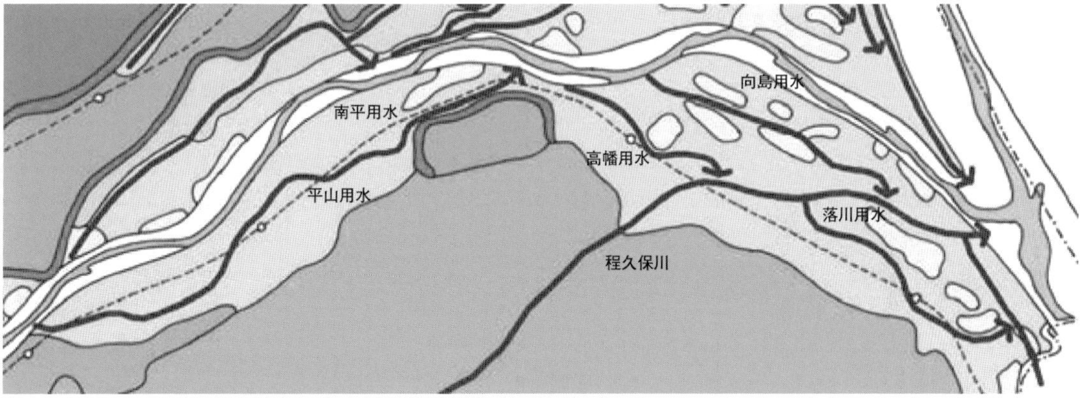

図5　浅川右岸用水路網図（図3～5は一部区画整理により、直線化している用水もある）

2 | 4
用水路のかたち

多摩川、浅川のふたつの大きな河川によりできた沖積低地は、網の目のような用水路が発達し、江戸の米蔵として栄えた。多様な水源と地形を巧みに利用した用水路は、長い年月をかけ先人の知恵と工夫により水田に水をゆきわたらせ、また生活用水として利用されてきた。長い年月の間、水田とともに用水路は、日野の風景として当たり前のように存在するものであった。

しかし、宅地開発や区画整理事業で多くの水田や用水路が失われた。もはや灌漑用でない用水路も多い。現在の用水路は市街地や住宅地を通り、わずかに残った水田までたどりつき、田を潤し、ふたたび市街地や住宅地を抜け、川へと戻る。今もなお100kmを越える長さの用水路は暮らしの営みを記録しながら、街並みに潤いを与え、生きもの、植物を育み、地域の特徴ある風景をつくり出している。

● 構造と形状

現在でも水路の原型として素堀りの用水や木杭板で土端を押さえたものをみることができる。幹線の用水路は道沿いや宅地を走り、石積みやコンクリートづくりのものが多い。石積みの古いものは空積みであるが、新しいものは草など生えないよう練り積みとなる。

素堀りからコンクリート壁の水路になっても、形状や深さはまだ昔ながらの用水路の原型を留めてきた。用水路に大きな変化が訪れたのは、区画整理事業によるまちづくりが進められてからである。地形に合わせ、緩やかな曲線を描いていた水路は区画割にしたがって碁盤の目のように直線化し、場所によっては3面コンクリート張りで人を寄せ付けない排水路と化していった。その後、環境や景観への関心の高まりから、用水路も風景をつくるひとつの要素としての配慮や公園と一体化した生きものにも優しい水路づくりがめざされるようになる。よそう森公園では素堀りの水路が復元された。

日野市のなかで現在、最も原風景をとどめる地域は、川辺堀之内であり、まとまった水田が残り、用水路は地形に沿って幅広でゆったりとした流れをつくっている。また、浅川南部の向島用水はふれあい橋付近で取水し、親水空間として素堀り用水路が整備された。潤徳小学校の敷地の一部を取り込んだとんぼ池は、子どもたちが水に親しむ場となっている。

区画整理事業が進む日野市であるが、いろいろな表情を持つ用水路がまだまだ多く存在する。暮らしに取り入れ、庭と一体化した水路、生垣や花を飾り、街並みに個性や潤いを与えている水路、配水の仕組みや構造を目の当たりにできる水路、歴史的風景を感じさせる水路、子どもたちのはしゃぎ声が聞こえてくる水路は、行きかう人たちの目を楽しませ、心を和ませて気持ちを豊かにしている。

（長野浩子）

①豊田用水と山口家黒壁。豊田用水沿いは比較的昔ながらの風景が残る水路である。とくに山口家の石積みの護岸と黒壁の建物が残る場所は、かつては明治期からの耕地整理による水田が浅川まで広がっていた地域である。

水田と水路

②一の宮用水（落川）

③豊田用水（川辺堀之内）

④豊田用水（川辺堀之内）

⑤豊田用水（東豊田）

生垣と水路

⑥豊田用水（豊田）

⑦落川用水（落川）

⑧豊田用水（豊田）

⑨豊田用水（豊田）

⑩向島用水（新井）

⑪豊田用水（豊田）

⑫日野用水上堰（栄町）

⑬南平用水（南平）

⑭落川用水（落川）

⑮日野用水上堰（栄町）

⑯日野用水上堰（日野本町）

⑰向島用水親水路（新井）

公園と水路

⑱日野用水上堰・よそう森堀(新町)

⑲落川用水・落川公園(落川)

⑳南平用水・南平公園(南平)

㉑平山用水・平山ふれあい水辺(平山)

庭と水路

㉒豊田用水(豊田)

㉓日野用水上堰(栄町)

配水・分水

㉔落川用水(三沢)

落川用水は三沢中学北口校門脇で程久保川からポンプアップで取水している。程久保川に平行して流れる行き先の違う2本の落川用水は、一の宮用水に合流する。

㉕南平用水から高幡用水への分水（南平）

㉖南平用水を横断する高幡用水（南平）

㉗豊田用水の脇を通る分水路（東豊田）

㉘川北用水から上村用水への分水（西平山）

㉙日野用水上堰からよそう森公園内水路への分水

㉚石川堰（旧谷地川へ流れる）

㉛日野用水の平堰。平堰は八王子市内に入って3kmほど上流の多摩川を横断する堰である。ハーフコーン型の魚道も整備されている。手前に水門がある。かつては日野用水は一端、谷地川に合流していたが、現在は谷地川を断している。

㉜谷地川を横断する日野用水上堰

㉝向島用水の導水堤と堰。浅川の川底の切り下げ工事により、取水ができなくなり、新たに砂利を積み上げ堰を作っている。洪水でたびたび押し流される。

㉞平山用水堰

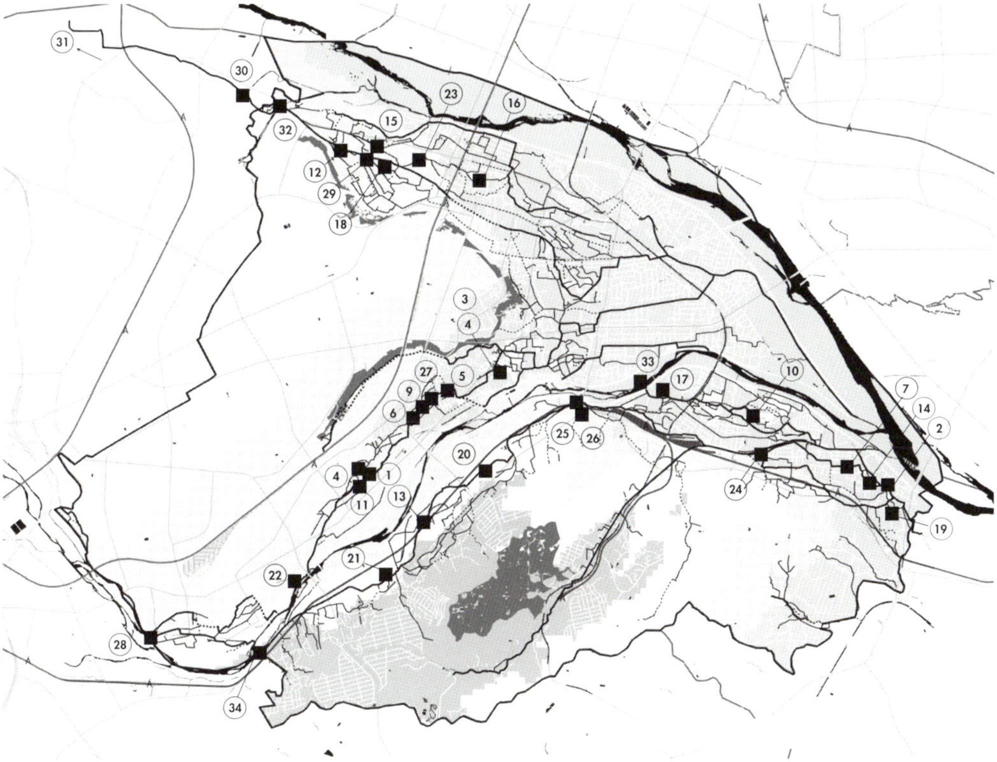

図1　写真位置図

2 | 5
水辺の石段・洗い場

水路に沿って歩むと、水辺に下りる石段に出くわすことがある。かつては水路に接する農家が収穫物としての農作物や食器、生活用具などを洗ったり、暮れには障子の張り替え前にそれを水に浸けておき、紙をはがしやすくするなど、さまざまな使い方をしていた。さらに遡れば田圃の畝《うね》や水路の堰から直接洗い物をしていた風景がみられた。どこでも洗い場となりうるのである。しかし水際の足元を固めたほうがより機能的で使いやすくなるので、水の流れに直交するように切り石積みやコンクリートで石段が造られる。そして水面と接続敷地の高低差により、石段のかたちが変わる。幅は収穫物を洗う扱い量によって、各家の都合で自由につくるなど、高度経済成長期前まで多くの洗い場があった。

ふたつの用水が合流する日野用水下堰の精進場と呼ばれる場所では、神仏参拝の前に、ここで水を浴びて禊《みそぎ》をしたり、富士講の人びとが日野台の富士塚から富士を拝む前に心身を清めたと言われている。現在は、石段や休む場所が緑の傍らに修景されており、趣のある風景を水辺の一角につくり出している。

新しいものでは、親水性を意図してつくられた石段もみられる。水辺までのレベル差が少ないところでは、水路に直行しているもの、あるいは水路の側部にゆとりのあるところでは、水路と並行するように階段がとられている。住宅地をぬけるように流れる新井用水路では、断面分析でわかるように住宅2階の高さから水面が見え、さらに水路に下りてゆく階段がつくられていることなどから、日常の親水性が高く感じられる。

水路へおりる洗い場や石段は、水路に変化やリズムを生み、水辺の景観を豊かで潤いのあるものにしてくれる。

（永瀬克己）

写真1　精進場――水辺に降り、かつてはここで禊、身を清めることが行われていた。現在は丸太を加工したベンチが据えられ、寛ぎのスペースとなっている

写真2　平山用水・大福寺下公園——石垣が直線であることにより、人工的なイメージになるが、そこに接する水路を蛇行させ、縁を緑で覆うことによって、自然な景観に近づけることができる

図1　豊田用水水洗い場——残存しているかつての洗い場が生活の歴史を語る。コンクリート平板の渡り板はシンプルで軽やかである

写真3　橋詰にある洗い場跡——かつては、このような洗い場で収穫した野菜を洗っていた。敷地から水面までの差が少なく、二段で降りられ、洗い物の作業がしやすいように踏み面が広くつくられている(豊田用水)

図2　住まいから水辺へと庭に飛び石が配され、階段にいたる。かつて洗い物が行われていたという住まい手の動線がはっきりとここにみえる。農へのかかわりや家庭菜園のたのしみから水辺の復権

2 | 6
水車から見える生活史

1960年代の日野には豊かな用水と多くの水田があり、朽ちかけた水車小屋も残っていた。

2010年の今でも廻し堀の水路跡や水車用具・水車文献が多く残り、水車を使った時の話を楽しく語ってくれる人もいる。現在、市役所の管轄で公園2ヵ所(向島用水親水路、水車堀公園)の用水に水車が作られている。

● 用水と水車

多摩川と浅川から引かれた日野の潤沢な用水には、江戸末期に水車が掛けられ、米や麦の精穀がはじまった。唐臼《からうす》などの人力の精穀から水車の水輪と臼で搗く精穀へと変わった。

水車機械は高価で、幕末頃でも新築には200両ほど要したため、水車経営は主として富裕な村役人層が行った。彼らは近隣から米を買い、精穀して八王子に売り、また賃搗きなどを手掛けていた。

日野市内の水車は、江戸時代から昭和までに所在地がわかっているものだけで54基あった。

● 共同水車

明治になると「共同水車(もやぐるま)」を作り、当番制で使用することが慣行となった。ほとんどの村で村人が出資をして株仲間を募り、2×3間程の小屋に臼4～6個程度の共同水車を作った。共同水車では当番の日に、朝に米や麦を臼に仕込むと夕方には搗きあがる。水量の少ない時は夜になるので、盗難を防ぐためにふとんを持って泊まり込むこともあった。

また水車が止まっている時には、近所のいたずら小僧が大人の目を盗んで水輪の内側に入り込み、二十日鼠のよう

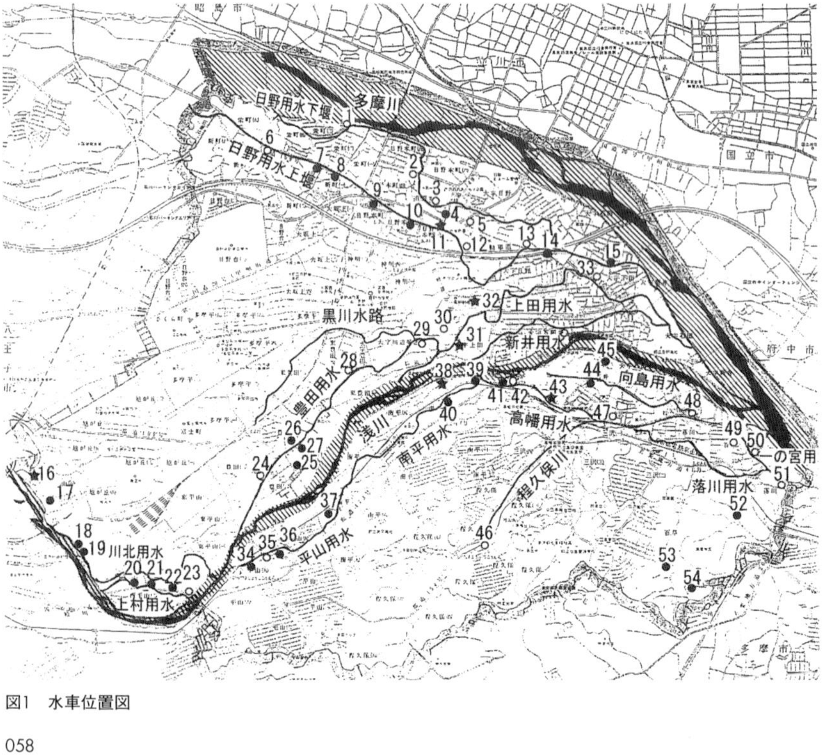

○共同水車 ●個人水車 ★江戸時代より

1 四谷共同	28 豊田下共同
2 北原共同	29 堀之内共同
3 下宿共同	30 上田共同
4 鈴木藤吉	31 平野忠三郎
5 下河原共同②	32 佐藤旭
6 東光寺共同	33 下田共同
7 守屋嘉平	34 小場石喜久太郎
8 天野仙蔵	35 平山揚返場
9 松本善介	36 馬場庄左衛門
10 佐藤藤五郎	37 谷野直吉
11 伊藤留吉	38 平豊太郎
12 下河原共同①	39 土方武三
13 万願寺共同	40 平富男
14 篠崎義雄	41 平源之助
15 川久保春五郎	42 高幡共同
16 小室文右衛門	43 滝瀬和蔵
17 金田喜覚	44 土方すみ
18 高橋①	45 土方幸三郎
19 高橋②	46 程久保共同
20 旗野徳右衛門	47 三沢共同
21 岩田永次郎	48 上落川共同
22 大沢重太郎	49 下河内共同
23 滝合共同	50 下落川共同
24 豊田上共同	51 一の宮共同
25 山口①	52 青木保太郎
26 山口②	53 百草共同
27 山口③	54 石坂義次

図1 水車位置図

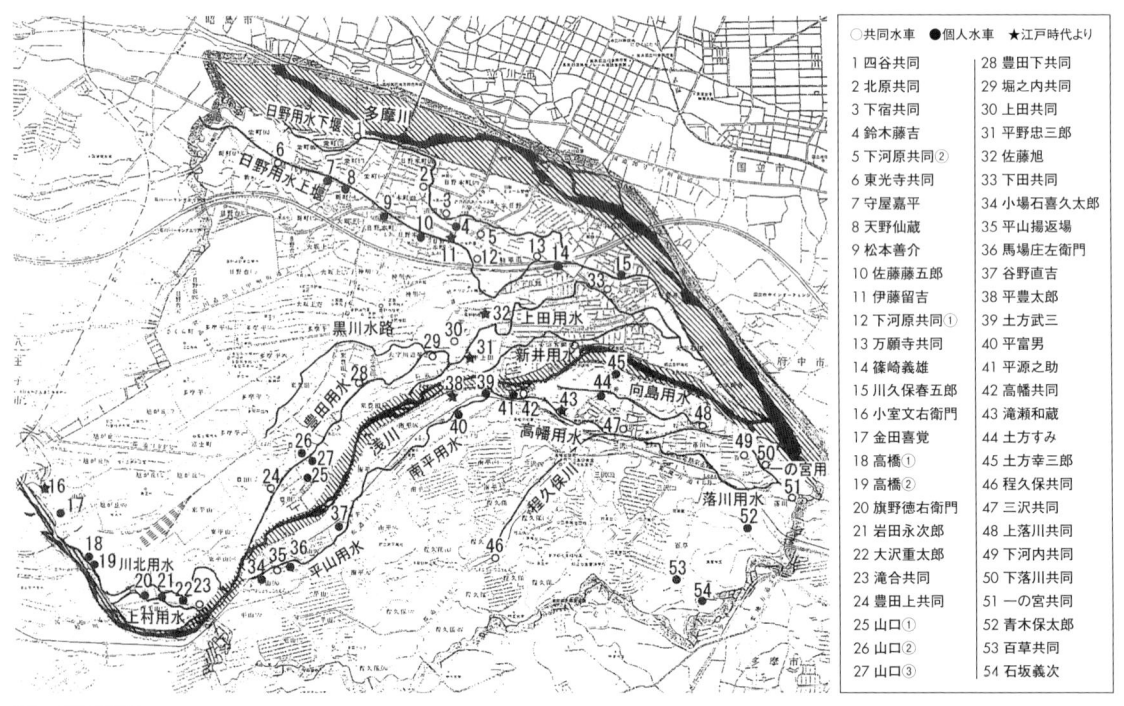

写真1　程久保水車（昭和初期）――しょいこで米を運ぶ

写真2　向島用水親水路の水車（現在）

に車を回して遊び、冬の水輪に下がる「つらら」を「アメンボウ」といってなめたという。

● 個 人 水 車

1895（明治28）年に作られた四谷（現新町1丁目）の天野水車は、日野上堰用水に廻し堀を50mほど上流から引き込んだ。屋内を通した堀に設置された水輪は径1丈3尺（約3.9m）、水の落差0.9m、7.4馬力、搗臼14個、挽臼1台、篩《ふるい》1台の設備があった。臼は1俵（4斗）入りが14個あり、1臼の精米に1日かかっていた。多忙な時には門前に客が待っていた。1936（昭和11）年からは電気と併用したが、電気は停電が多く不安定で、水輪の方をよく利用していたという。

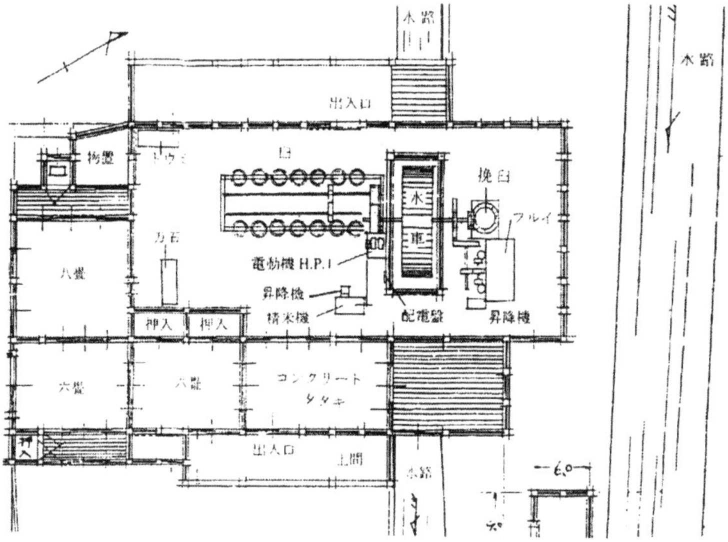

図2　天野水車平面図

● 水 車 街 道

旧七生村平山（現西平山1～5丁目）にも江戸時代から水車があった。明治末から昭和初期にかけて、水車街道といわれるほど水車が多く並んで稼働し、八王子へ米を運ぶ馬や馬車が行き交った。現在判明した分だけで個人水車7軒と共同水車が1軒（滝合水車）あった。一番規模の大きい金田水車では1丈2尺（約3.6m）の水輪と30個の臼で米を搗いていた。

水車は1897（明治30）年ごろから多く作られたが、大正時代をピークにして、昭和になると精穀は徐々に電化されていき、戦後の10年間でほぼ水車の使用は終わった。

水の落差のエネルギーだけで水輪を動かして精穀を行った水車は、時間がかかり、水輪のたてる大きな水音と、杵が臼へ落ちる際の振動があった。そのため水車は人家を離れて建てられていたが、水や空気を汚すことはなかった。現在、また各地で水車の使用が試みられつつある。

（上野さだ子）

2 | 7
変わらぬ風景、変わる風景

住宅地のなかに田畑が残る郊外住宅地が、日野の一般的な風景である。その風景のなかを歩くと水田や畑によって視界が開いたり、閉じたりし、歩くたびに一変する。

ここで取り上げるのは東豊田の風景である。1960（昭和35）年ごろに宅地開発されるまでは広大な水田であったが、開発のために水路はなくなり、道幅もせまい。左右の住宅の塀が閉塞感を醸し出している。

そのような住宅街も、道がつくり出す緑に吸い寄せられるように歩いていくと、高く青々とした空と緑が広がる。水田の横には水路があり、あぜ道の緩やかな傾斜をたどると、時折、猫や狸が現れたり、稲穂を狙うスズメに遭遇したりする。季節や時間帯によって、目の前の風景が、さまざまな姿を見せてくれるのが田園地帯の魅力である。あぜ道の先には崖線があり、木々が緩やかに視界を奪う。水路も昔ながらの石積でできている。ここから見られる水田は昔のままで、まるでこの場所だけが時代に取り残され、時が止まっているように感じられる。

このようなシークエンスは、何百年と変わらぬ風景と、変わっていく風景を行き来しているような感覚を私たちに与え、楽しませてくれる。

（大前光央）

写真1　住宅が近接する、東豊田に残る水田

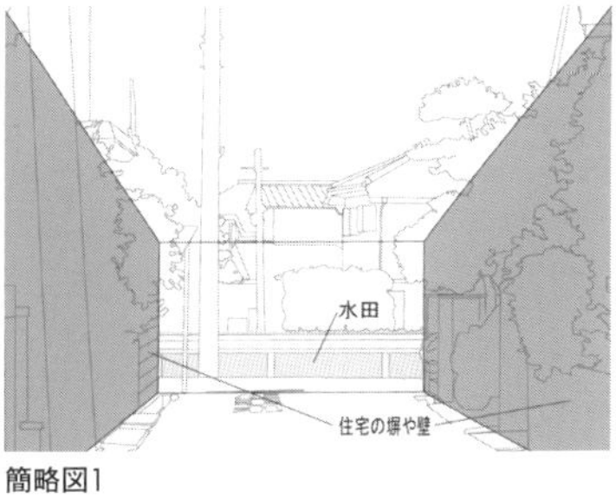

簡略図1

写真2　住宅地のなかでとつぜん畑に遭遇する眺め

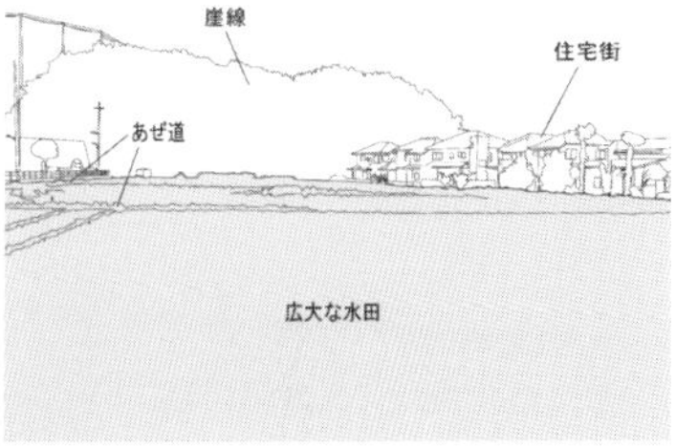

簡略図2

写真3　水田と戸建て住宅が隣り合う

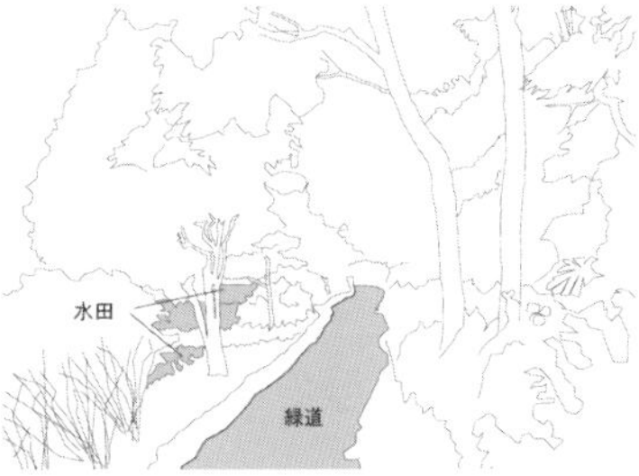

簡略図3

写真4　水路の傍らを通る緑道。心地よい風景は水田とともにある

2 | 8
湧水に恵まれた日野

日野市内にはたくさんの湧水があり、その在り方にもさまざまな違いがある。それらは大きく2つのタイプに分類できる。台地にある崖線型の湧水と丘陵地にある谷戸型の湧水である。台地の湧水は日野台面、多摩平面、豊田面と3段ある台地面のそれぞれの崖線から湧出している。丘陵地の湧水は谷戸の源頭から湧き出しているものと、谷壁や河床から湧き出しているものとがある。

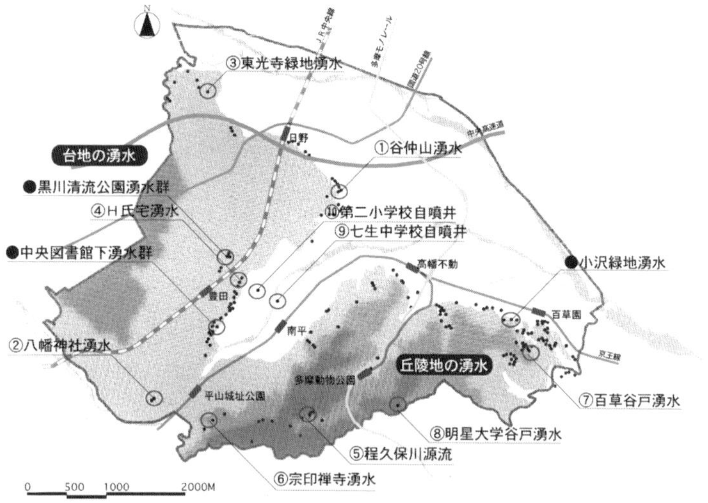

図1　日野市の湧水分布図

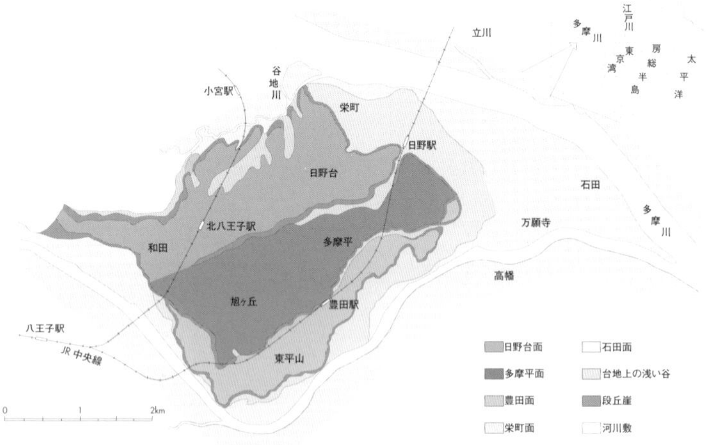

図2　日野台地の構成(角田清美氏による図を元に作成)

● 地形と湧水

・台地の湧水

崖線の足元から湧き出す水は、礫層のなかを流れてくる地下水である。湧水点がはっきりと固定されていて、水量も多い。礫層はかつての川の氾濫原であり、水みちの出口が湧水となっている。礫層の上に堆積しているローム層は火山灰であり、雨をよく保水する。台地の湧水の水源となる地下水は、水みちの上流側と台地上に降る雨の地下浸透が元となっている。

・丘陵地の湧水

丘陵地の谷戸は、その源流部から湧出する水の流路となっている。流路両側の谷壁からも浸み出しの湧水があり、はっきりとした湧水点は見られないものの、全体の水量は多い。流路の河床からも同様に浸み出しの湧水があり、これらを合わせて谷戸の小河川の流れとなる。台地に比べて地層の履歴が古く傾きが大きいため、谷壁の湧水が谷の片側に偏ることもある。

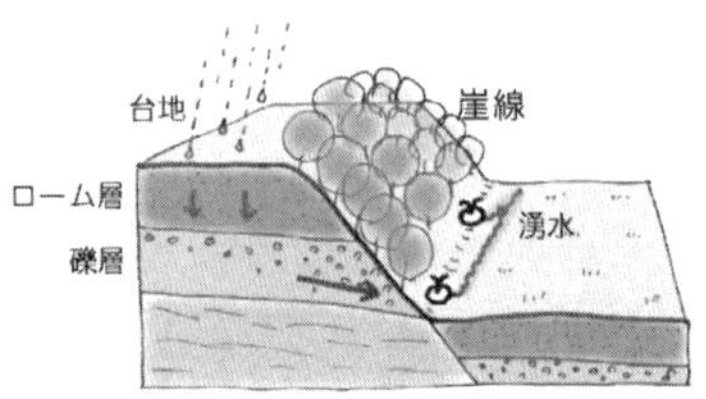

図3　台地の湧水

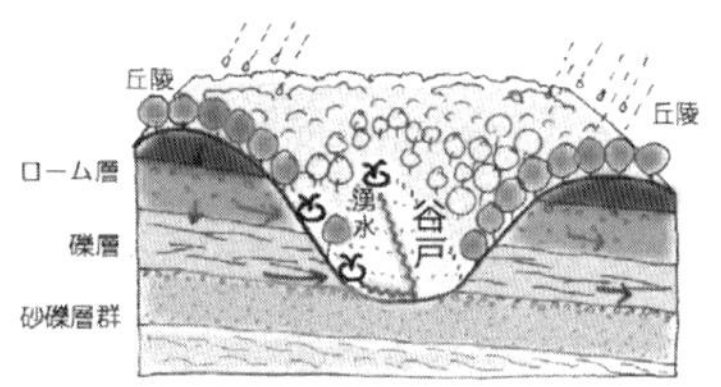

図4　丘陵の湧水

・湧水と地下水

図5　台地における自由地下水面（角田清美氏による図を元に作成）

これらの湧水の水源は浅層地下水（自由地下水）であり、台地部では浅川がつくった扇状地としての流れとなっている。低地部の地下水は多摩川の流れと概ね並行している。丘陵地の地下水は谷戸の地形、および小河川の流れ方向とほぼ同じ向きである。

● 東京の名湧水57選に選ばれた湧水

東京都は2003（平成15）年に東京の名湧水57選を選定し、日野からは中央図書館下湧水群、黒川清流公園湧水群、小沢緑地湧水の3ヵ所が選ばれている。

・黒川清流公園湧水群

日野の湧水を一躍有名にした湧水。早くから親水公園として整備され、日野を代表する湧水として市民に親しまれている。来訪者は日野だけにとどまらず広域に及んでいる。崖線の緑地は市により保全されており、生きものの生息地としても貴重な場所となっている。カワゲラ類、コカゲロウ類、サワガニなどの水生生物やミソサザイ、アオゲラなどの鳥類も飛来する。湧水群として500メートル以上連続した湧水路となっており、子どもたちの遊び場としてもよく利用されている。日野台崖線下の湧水であり、日野の台地の湧水として一番上位面に位置している。

写真1　黒川清流公園湧水

・中央図書館下湧水群

市民に最も親しまれている湧水。多摩平面の崖線下から湧出する湧水群のなかでも、最も大きな湧水点で、1日あたり2,000tの豊かな湧水量を誇る。水生生物の種類も豊かで、サワガニ、カワニナ、ニンギョウトビケラなどが生息している。崖線の上部は住宅地となっており、水質面で電気

写真2　中央図書館下湧水群

写真3　小沢緑地湧水

伝導度がほかの湧水に比べてやや高い。多くの市民が利用する図書館の下に位置していることから、日常的に最も多くの市民が訪れる湧水である。

・小沢緑地湧水

丘陵の地形地質を学べる湧水。程久保川支流の源流部にあり、ほとんど人手の入っていない緑地内にある。三沢泥岩の露頭が見られ、湧水の小さな滝もある。谷壁からの浸み出し湧水が観察できることから、谷戸の湧水の仕組みがよくわかる場所となっている。2.8haの広さがあり、きわめて自然度が高いことから、生物相が豊かで貴重な場所として保全されている。サワガニ、ヤンマやカワゲラ、トビゲラなど清流の生きものの生息地となっている。

● 代表的な湧水

〈東光寺緑地湧水［台地］〉

日野市の最も北側に位置しており、日野台が直接多摩川低地に面することから崖線の比高が大きい。すぐ西側には谷地川があり、豊かな湧水が流入しているが、ここの湧水の水量は少なく、冬季には涸れることもある。それは、湧水路が東に走っていることから、谷地川への流れとの境目あたりにあるためとみられる。東光寺緑地は保全されており、水量は少ないながらもオニヤンマ、プラナリアなどの生息も確認されている。ノカンゾウやゴンズイ、カタクリなどの貴重な植生を市民が維持管理して守っている。

〈谷仲山湧水［台地］〉

多摩平面が多摩川に面する位置にあり、湧水量はさほど多くないものの安定した湧水が見られる。谷仲山湧水はそのなかでも代表的な湧水で、一般に立ち入ることができる湧水地として市が整備し、市民により管理されている。ゲンジホタルやオニヤンマなどの生息地となっている。

写真4　谷仲山湧水

〈東豊田湧水群［台地］〉

中央図書館湧水群の連続する一帯で、多くの湧水が見られる。多摩平面の崖線湧水であり、湧水路は浅川の流れに並行する流れとなっている。住宅の敷地内に湧く湧水が多く、洗い場や養魚池など生活に密接した使われ方がされてきた。流末は豊田用水につながる。湧水池にはカワゲラやコカゲロウが生息している。

〈八幡神社湧水［台地］〉

台地の一番下位にある豊田面の崖線から湧く数少ない

写真5　東光寺緑地湧水

写真6　八幡神社湧水

湧水。市内の台地の南端に位置し、崖の比高は小さく、湧水量も少ない。しかし、かつては神社が立地するにふさわしい安定した湧水であったと見られる。湧水池は神社のたたずまいとして整備され、保全されている。

〈程久保川源流湧水［丘陵］〉

程久保川など、谷地を流れる小河川では、その源頭部からの湧水がいたるところで見られる。また、谷頭部が崩落した谷頭凹地では、一旦伏流した地下水が凹地の下端部から湧出する。水路は小さな流れが流下するにつれて谷壁や河床からの湧水が集まり、水量を増していく。こうした水路には、サワガニ、カワニナ、ホタルなどが生息している。

〈百草谷戸湧水［丘陵］〉

百草谷戸は浅川が東流して多摩川に並行しつつ合流する付近にあり、丘陵の東端部が河川の浸食を受けた位置にある。そのため、多摩川低地に面して多くの湧水が見られる。湧水量も、流量地の西部に位置する程久保川源流部よりは多い。

〈明星大学谷戸湧水［丘陵］〉

程久保川源流のひとつであり、大きな谷頭凹地の一部を埋め立てたところの下部に小さな湿地ができていた場所である。この場所が埋め立てられることになり、その下流側に湿地を移して再生を試みた。湿地の規模は小さくなったものの湧水の再生により、源流部ではめずらしいヨシが再生した。

日野にはほかにも数多くの湧水があるが、水量が乏しくなったり、涸れたりしているものも多い。丘陵地の西北に位置する宗印寺の湧水もかつては豊かだったが、現在はほとんど涸れている。こうした涸れた湧水の復活も課題となっている。また、市立第2小学校と七生中学校には自噴井戸があり、豊かな湧出量を持っている。これらの自噴井は低地にあり、その水源は深層の地下水である。

（神谷 博）

2 | 9
崖線と用水路

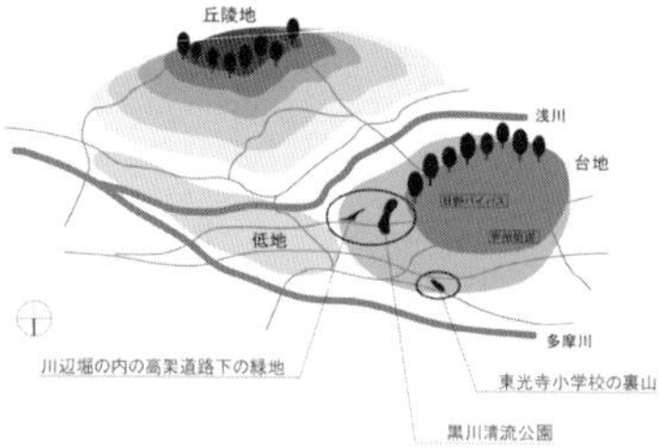

台地を縁取る崖線の緑が日野の景観の特徴のひとつである。崖線下からは水が湧き出し、用水路に流れ込む。用水の源のひとつでもある。斜面にはコナラ、ケヤキなど広葉樹などが生え,落ち葉などが肥料として利用され、暮らしに密接に繋がる緑地であった。カタクリやニリンソウなど植物も自生し、豊かな生態系を保っていた。

現在、その崖線はどのように保全、利用されているか3ヵ所について見てみよう。

黒川清流公園のある崖線は、最も早く整備保全された斜面緑地である。崖線上は1950(昭和25)年代後半に開発された多摩平団地である。黒川水路はこの崖から湧き出る水を集め、流れ、豊田用水に合流する。崖線下では吹上遺跡が発見された。区画整理事業は1974(昭和49)年に完了し、水田や畑だった場所は現在、住宅が密集している。黒川清流公園は親水路や緑道が整備され、市民の憩いの場であるとともに生きものにも貴重な場所となっている。

川辺堀之内の神明上緑地は、日野台地上位面と湧水が源である黒川水路によりできた窪地との間の崖線である。緑地には里道が通り、なつかしい風景がそこにはある。しかし、日野バイパスが開通し、緑地の環境は悪化している。また区画整理事業が予定されており、農地には宅地化のための道路が計画されている。崖線の緑地は保全指定されているが、周辺を含めた全体的な里山の景観は失われていくだろう。

東光寺第1緑地の崖線も区画整理に挟まれた場所である。崖線上では“農あるまちづくりを目指した区画整理”が行われたのに対し、崖線下では“水辺を生かした区画整理”が実施され、公園には水田や素堀の水路が整備された。崖線下にある東光寺小学校の生徒たちがその水田で米作りを行っている。崖線下からは現在も水量の少ない水が湧き出てい

黒川清流公園

写真1　JR中央線豊田駅方面から崖線を臨む。崖線の上には、新しくなった多摩平団地の建物が建ち並ぶ

写真2　斜面緑地

写真3　黒川清流公園内緑道

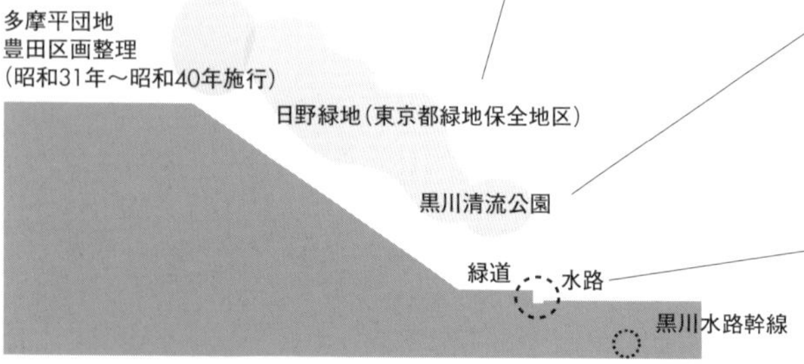

図1　黒川清流公園付近

写真4　親水路を流れる水は黒川水路の支線である。昭和50年代後半に水辺への意識の高まりもあり、整備された。黒川水路の幹線は暗渠となっている。

る。しかし、今後崖線上の宅地化による影響が懸念される。

これらの崖線は市民運動により保全された場所も多く、保全にも多くの市民が関わり続けている。しかしながら、保全された緑地帯であるとしても、その周辺は絶えず変化し続けており、そのことが崖線からの湧水の減少などさまざまな影響をもたらしている。　（長野浩子、横山友里）

川辺堀之内（神明上第9緑地）

写真5　日野台地の日野バイパスから斜面緑地と農地を臨む。日野に1か所しかない体験農園もこの区域にある。

写真6　崖線下を縁取るように里道がある。夏は木陰をつくり、ひんやりと涼しい。市民団体が下草刈りなど緑地の保全を行っている。幅2m足らずのこの里道は区画整理で幅4mの道路になる予定である。

写真7　黒川水路が走る位置から日野台地方面を臨む。区画整理で中央の道は幅6mの道路になる予定である。

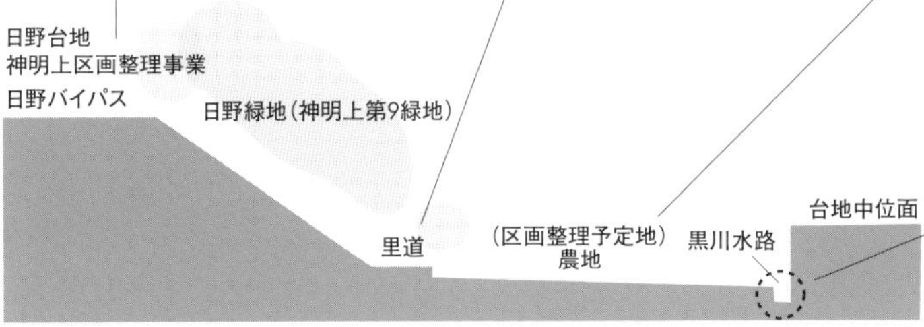

図2　川辺堀之内・日野緑地付近

写真8　集められた湧水が流れる黒川水路。かつてはヤツメウナギなど魚も豊富にとれた。区画整理でもこの流れは変わらない。

東光寺（東光寺第一緑地）

写真9　斜面緑地の上には農あるまちづくりを目指した東光寺上区画整理事業が行われたが一部では宅地化が進んでいる。

写真10　崖線中腹にある歩道。東光寺小学校に面している。

写真11　新町土地区画整理事業地内よそう森公園の水田では東光寺小学校の子どもたちが米づくりをおこなっている。

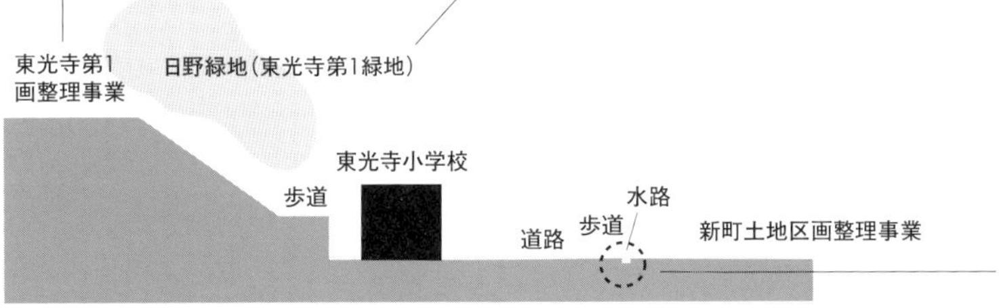

図3　東光寺・日野緑地付近

写真12　区画整理により整備された東光寺小学校前の水路と畑

2 | 10
湧水と信仰の空間

● 湧水と神社

日野には信仰と結びついて存在する水や樹木が多く見かけられる。豊田にある八幡神社は、湧水の出る崖の上に立地する。その下にある湧水は東京の名湧水57選にも選ばれており、毎秒17ℓもの水が湧き出ている。豊富な水量を保つ湧水は、古来から人びとの恵みの水として使われ続けてきた。緑に包まれた神社の建立は、清水を守る証でもある。

現在の八幡神社は社のみで、御霊は1973（昭和48）年に東豊田の若宮神社に合祀された。戦後から神社の統廃合が進められており、豊田地区の4つの神社は若宮神社にすべて合祀されている。合祀後も2ヵ所は八幡神社のように社が残され、地元の人びとの信仰の場になり続けてきた。

八幡神社の隣には中央図書館が建っている。この図書館は、建築家の鬼頭梓によって設計され、1973年に竣工した。できるだけ自然を残し、地下水脈に配慮した建物配置となっている。

写真1　鳥居と石段

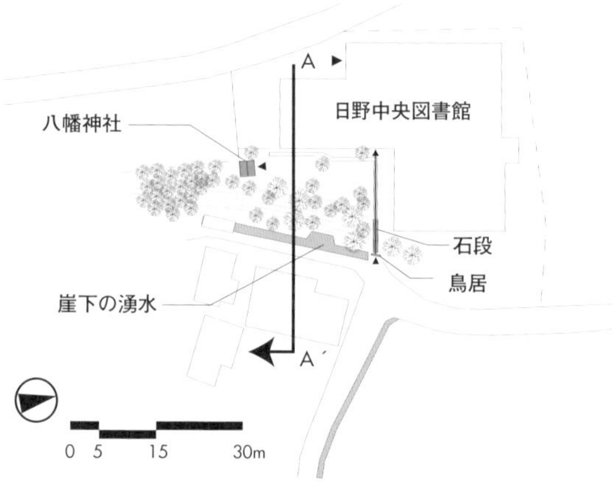

図1　八幡神社配置図

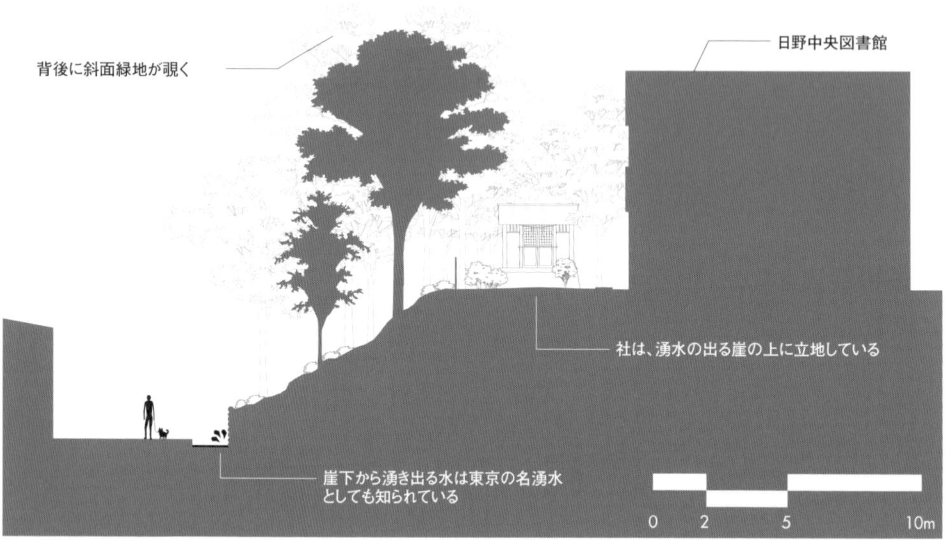

図2　八幡神社A-A'連続断面図

写真2　閲覧室は社のある庭に面している

● 緑と神社

川辺堀之内にある日枝神社は、隣に建つ延命寺とともに鎮守の森をつくる。日枝神社の境内は、浅川の土手沿いに立地しており、上田用水の取水口が近くにある。

日枝神社境内はスギなどで囲まれ、樹木により集落の中で聖と俗の境界がつくられている。そして参道を通り、左にクランクして鳥居をくぐると、左右対称に植えられたケヤキがある。この対になったケヤキと鳥居から、拝殿へと入っていく。また、本殿の背後には、樹齢300年以上と推定されるムクノキが高くそびえる。このムクノキは、高さ28m、胸高直径155cmと市内最大のもので、市の天然記念物に指定されている。このような大木が背後にあることで、社殿の神聖さがさらに高められ、日枝神社では樹木の存在感による聖域としての雰囲気が生まれているのである。（鈴木順子）

図3　日枝神社の空間構成

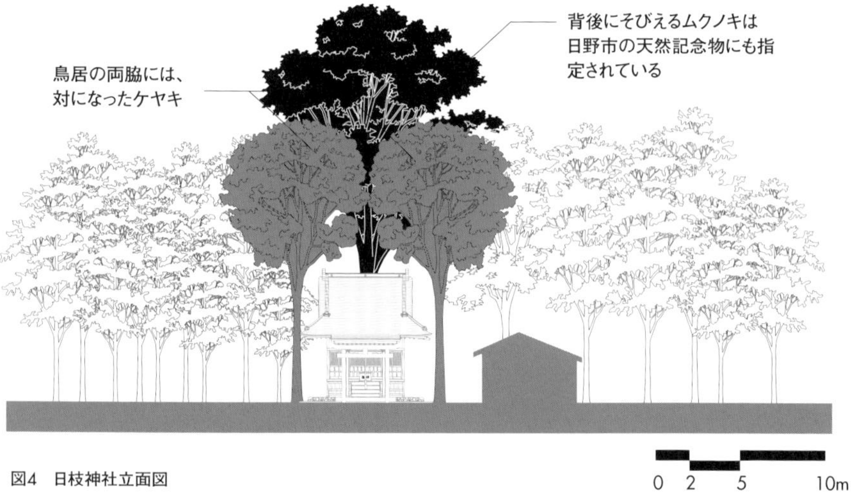

図4　日枝神社立面図

写真3　日枝神社の背後にそびえるムクノキ

2 | 11 | 1

水路と田んぼが育む水生生物

日野の生きものたち――1

●「魚類」からみた日野の水路と田んぼ

日野市は農村地帯であり続けながら、戦後に都市化が進んで食糧生産の場としての機能が大きく低下した。そのため、日野市の農業水路と水田は、農村地域のような圃場整備が行われなかった（写真1）。通常、圃場整備が行われると、昔ながらの用排兼用の水路は用水路と排水路に分断される。用水路はパイプラインとされ、魚類は生息できなくなる。また、排水路は深く掘り下げられるため排水路と水田の間に段差が生じ、魚類が水田へと溯上して繁殖できなくなる。さらに、ほとんどの区間が三面コンクリート張りとされ、魚類の生息が困難となることも多い。

一方、日野市の水路は土水路や木板護岸、二面コンクリート張り護岸の区間があり、魚類の隠れ場となる植物帯や砂泥・石礫底が存在する（写真2）。よって、魚類の生息が可能であるため、表1のように多くの魚類が採捕されている。なお、日野用水が他の水路より種類数が多いのは、多摩川から取水しているためと考えられる。

日野の水路は、用排兼用であるため、魚類が水路から水口を降下して水田へ入ることも、水尻を溯上して入ることも可能である。したがって、水田で繁殖するドジョウ、キンブナ、ギンブナ、タモロコなどの魚類が利用可能である。このような魚類は、流れが緩やかで卵が流されることがなく、ふ化した当歳魚の捕食者が少なく、プランクトンなどの餌が豊富な場所

写真1　日野市の農業水路（向島用水）と水田。水路は土水路や木板、木杭を用いた護岸を施している区間も多い。また、写真のように稲刈り後にはざ掛けを行う水田も多く、昔ながらの農村景観が形成されている。

で繁殖することが知られている。こうした生態をもつ魚類にとって、水田は繁殖と初期の成育場として適した場所である。実際に筆者らの調査では、向島用水の受益水田へ成魚が移動すること、水田でふ化・成長したと考えられる大量の当歳魚が水田から水路へと出ていくことを明らかにしている(表1、2)

なお、農業水路は非灌漑期には河川からの取水を停止するものも多いが、日野市では通称「清流条例」によって通年通水が行われている。そのため、魚類が水路で越冬できる。水路で越冬した個体は、翌年に水田に入って繁殖でき、水路内で生活史を完結することができる。

写真2　豊田用水に生育するセキショウモ

●「水草」からみた日野の水路

農業水路は、河川に比べて河床の撹乱が少なく、河床がコンクリートで固められていなければ沈水植物、浮葉植物の主要な生育場となる。

流量が多い日野用水や豊田用水では、河床一面に繁茂するササバモ、エビモ、セキショウモ、ミクリ、オオカナダモ(外来種)などの沈水・浮葉植物をみることができる(写真2)。

(西田一也)

表1　各水路で採捕された魚類

	標準和名	日野用水	豊田用水	向島用水	平山用水	備考
1	コイ	○	○	○	●	
2	ゲンゴロウブナ	○			○	国内外来種
3	ギンブナ	○	○	○	○	
4	キンブナ	●	●	○	○	準絶滅危惧(環)、Ⅱ類(東京)
5	オイカワ	●	●	●	●	
6	カワムツ	●		○	○	国内外来種
7	アブラハヤ	○	○		○	準絶滅危惧(東京)
8	ウグイ	○	○	○		
9	モツゴ	○	○	●	○	
10	ムギツク	○				国内外来種
11	タモロコ	○	●	●	○	国内外来種?
12	カマツカ	○	○	○	○	準絶滅危惧(東京)
13	ツチフキ	○				国内外来種
14	ニゴイ	○				準絶滅危惧(東京)
15	ドジョウ	○	○	○	●	
16	シマドジョウ	○		○		絶滅危惧Ⅱ類(東京)
17	ホトケドジョウ				○	絶滅危惧IB類(環)、Ⅱ類(東京)
18	ギバチ	○				絶滅危惧Ⅱ類(環、東京)
19	ナマズ		○			留意種(東京)
20	アカザ	○				国内外来種
21	アユ	○				
22	ヤマメ	○				絶滅危惧Ⅰ類(東京)
23	メダカ	○		○		国内外来種?
24	ブルーギル		○			国外外来種
25	オオクチバス		○	○	○	国外外来種
26	ジュズカケハゼ	○				絶滅の恐れのある地域個体群(環)、Ⅱ類(東京)
27	トウヨシノボリ			○		

筆者らの2001～2002年における調査では日野用水で22、向島用水で14、豊田用水・平山用水で13種類の魚類が採捕された。環境省および東京都は、国内・都内の絶滅の危惧される種を危惧度の高い順にIA類、IB類、II類、準絶滅と指定している。備考の(東京)は東京都(南多摩)、(環)は環境省の意味である。

表2　向島用水の受益水田(60アール)に出入りした魚類の個体数

	魚種／方向	移入	移出
1	コイ	19	60
2	ギンブナ	151	329
3	キンブナ	5	30
	フナ属	2	96
4	オイカワ	—	970
5	アブラハヤ	631	2
6	モツゴ	11	121
7	タモロコ	5198	16095
8	カマツカ	6	49
9	ニゴイ	2	—
10	ドジョウ	2025	11510
11	シマドジョウ	37	824
12	ナマズ	1	3
13	メダカ	7	74
14	グッピー	2	1
15	ブルーギル	—	3
16	オオクチバス	2	—
17	トウヨシノボリ	8	13
	総個体数	8107	30180

小型定置網を水田の水口・水尻に2004年の灌漑全期間(6月上旬～9月中旬)設置した。なおフナ属は、小型で、ギンブナとキンブナの識別が困難な個体である。

2 | 11 | 2
植物の生息地
日野の生きものたち――2

日野市は、市内北東の境界線に多摩川が北から南東に流れ、ほぼ中央に浅川が西から東に流れる自然環境にある。市の南部は海抜120-170mの多摩丘陵がやはり東西に横たわり、まだ緑地が残っている。

北西部は海抜95-110mの日野台地である。昭和20年代まではクワ畑だったが、現在は工場と宅地で占められている。これら丘陵と台地にはさまれた三角形の低地(海抜60-80mの沖積地)は、かって江戸の米蔵と呼ばれた水田地帯だった。だが、現在は宅地と商店街になっている。

また日野台地と低地の境界は浅川・多摩川の河岸段丘崖で「つ」の字形につづき、斜面地のため宅地にならず、帯状の緑地として残っている。

このように、東京郊外都市としては狭い街だが、地形の変化に富み、豊かな植生がある。

市の天然記念物としては百草八幡神社のスダジイ群落、多摩平の森のモミ林、高幡不動尊金剛寺のサンシュユ(高さが10.5mと9.5mの2本)、同尊の裏山(愛宕山)の自生針葉樹(推定樹齢250年以上のクロマツ3本、アカマツ数十本、モミ4本)、日枝神社のムクノキ(市内最大の高さ28m、直径1.55m、推定樹齢400年以上)、とうかん森(ムクノキ5本、カヤ2本ともに推定樹齢250年、ヒイラギ、フジ各1本)、石田寺のカヤ(樹高25m、直径1.41m、推定樹齢500年)の木がある。

市内に生息する植物は、2007年の調査では約1100種で、国や東京都の絶滅危惧種に相当する保護上重要な野生植物はシダ類が15種、単子葉植物20種、離弁花類27種、合弁花類19種と多くの種が生育している。

(杉浦忠機)

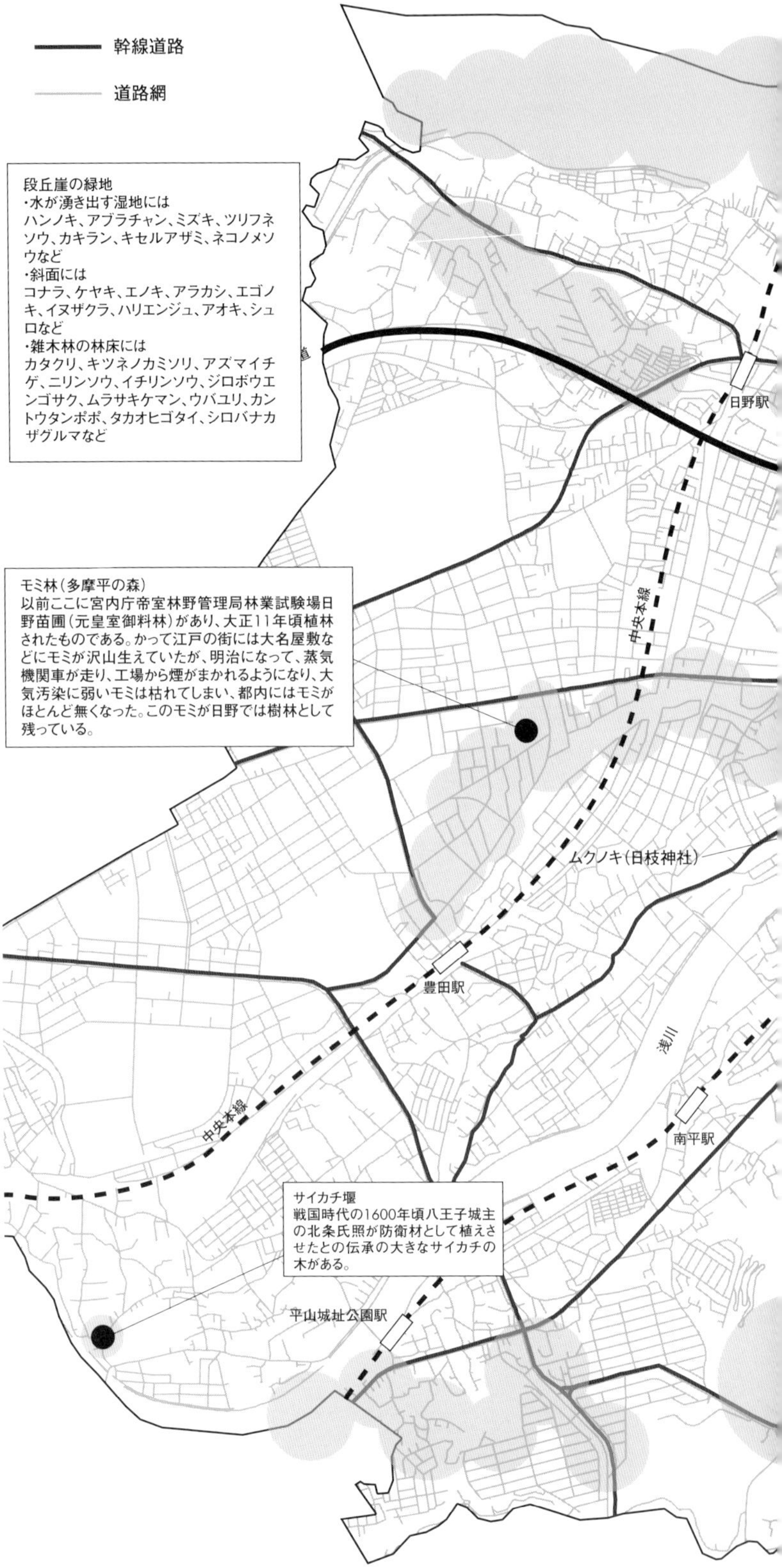
幹線道路
道路網
段丘崖の緑地
・水が湧き出す湿地には
ハンノキ、アブラチャン、ミズキ、ツリフネソウ、カキラン、キセルアザミ、ネコノメソウなど
・斜面には
コナラ、ケヤキ、エノキ、アラカシ、エゴノキ、イヌザクラ、ハリエンジュ、アオキ、シュロなど
・雑木林の林床には
カタクリ、キツネノカミソリ、アズマイチゲ、ニリンソウ、イチリンソウ、ジロボウエンゴサク、ムラサキケマン、ウバユリ、カントウタンポポ、タカオヒゴタイ、シロバナカザグルマなど
日野駅
中央本線
モミ林(多摩平の森)
以前ここに宮内庁帝室林野管理局林業試験場日野苗圃(元皇室御料林)があり、大正11年頃植林されたものである。かって江戸の街には大名屋敷などにモミが沢山生えていたが、明治になって、蒸気機関車が走り、工場から煙がまかれるようになり、大気汚染に弱いモミは枯れてしまい、都内にはモミがほとんど無くなった。このモミが日野では樹林として残っている。
ムクノキ(日枝神社)
豊田駅
浅川
中央本線
南平駅
サイカチ堰
戦国時代の1600年頃八王子城主の北条氏照が防衛材として植えさせたとの伝承の大きなサイカチの木がある。
平山城址公園駅

カタクリ

ジュウニヒトエ

スダジイ

カワラノギク

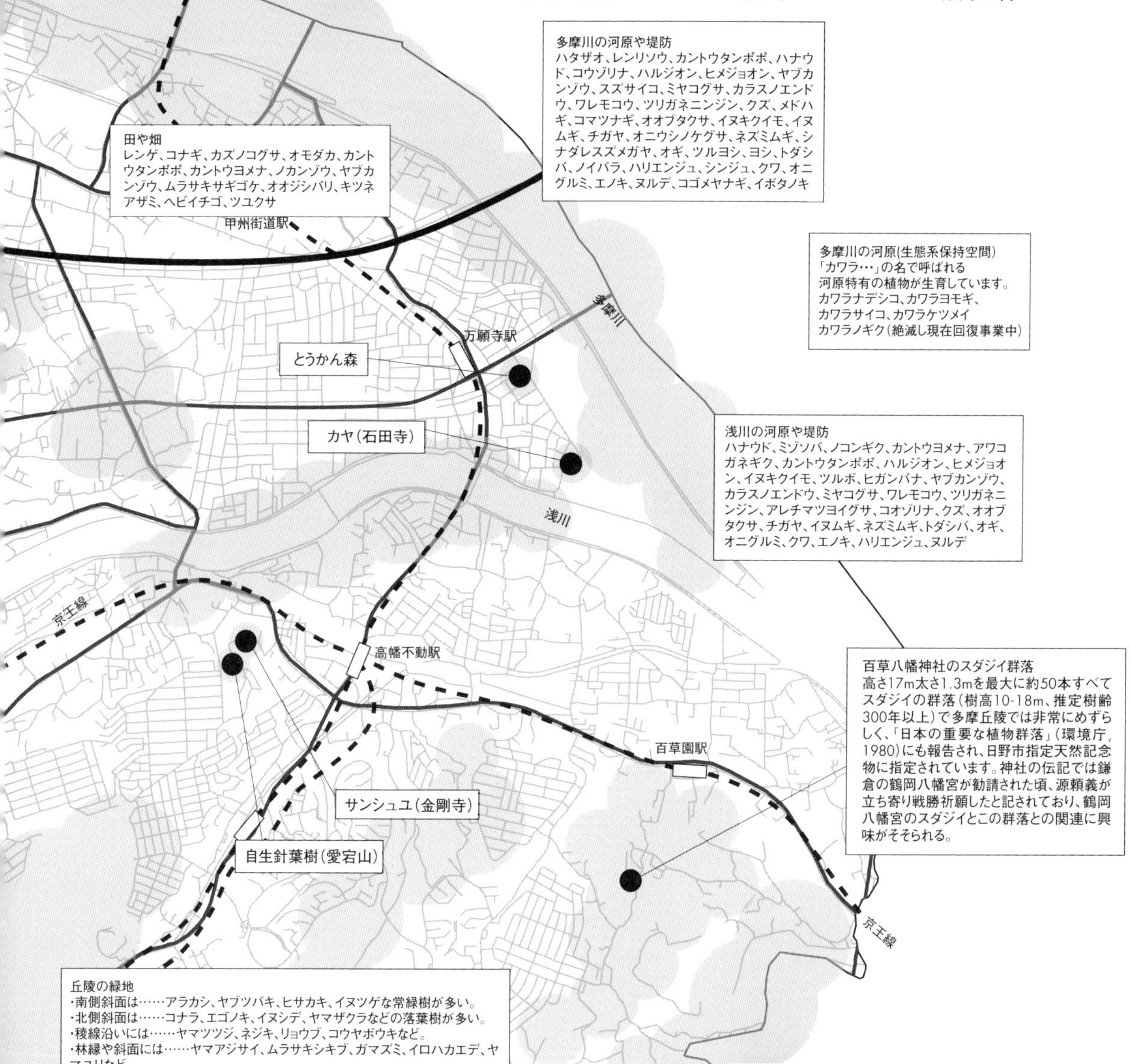
多摩モノレール
多摩川
多摩川の河原や堤防
ハタザオ、レンリソウ、カントウタンポポ、ハナウド、コウゾリナ、ハルジオン、ヒメジョオン、ヤブカンゾウ、スズサイコ、ミヤコグサ、カラスノエンドウ、ワレモコウ、ツリガネニンジン、クズ、メドハギ、コマツナギ、オオブタクサ、イヌキクイモ、イヌムギ、チガヤ、オニウシノケグサ、ネズミムギ、シナダレスズメガヤ、オギ、ツルヨシ、ヨシ、トダシバ、ノイバラ、ハリエンジュ、シンジュ、クワ、オニグルミ、エノキ、ヌルデ、ココメヤナギ、イボタノキ
田や畑
レンゲ、コナギ、カズノコグサ、オモダカ、カントウタンポポ、カントウヨメナ、ノカンゾウ、ヤブカンゾウ、ムラサキサギゴケ、オオジシバリ、キツネアザミ、ヘビイチゴ、ツユクサ
甲州街道駅
多摩川の河原(生態系保持空間)
「カワラ…」の名で呼ばれる
河原特有の植物が生育しています。
カワラナデシコ、カワラヨモギ、
カワラサイコ、カワラケツメイ
カワラノギク(絶滅し現在回復事業中)
多摩川
万願寺駅
とうかん森
カヤ(石田寺)
浅川
浅川の河原や堤防
ハナウド、ミゾソバ、ノコンギク、カントウヨメナ、アワコガネギク、カントウタンポポ、ハルジオン、ヒメジョオン、イヌキクイモ、ツルボ、ヒガンバナ、ヤブカンゾウ、カラスノエンドウ、ミヤコグサ、ワレモコウ、ツリガネニンジン、アレチマツヨイグサ、コオゾリナ、クズ、オオブタクサ、チガヤ、イヌムギ、ネズミムギ、トダシバ、オギ、オニグルミ、クワ、エノキ、ハリエンジュ、ヌルデ
京王線
高幡不動駅
百草八幡神社のスダジイ群落
高さ17m太さ1.3mを最大に約50本すべてスダジイの群落(樹高10-18m、推定樹齢300年以上)で多摩丘陵では非常にめずらしく、「日本の重要な植物群落」(環境庁,1980)にも報告され、日野市指定天然記念物に指定されています。神社の伝記では鎌倉の鶴岡八幡宮が勧請された頃、源頼義が立ち寄り戦勝祈願したと記されており、鶴岡八幡宮のスダジイとこの群落との関連に興味がそそられる。
百草園駅
サンシュユ(金剛寺)
自生針葉樹(愛宕山)
京王線
丘陵の緑地
・南側斜面は……アラカシ、ヤブツバキ、ヒサカキ、イヌツゲな常緑樹が多い。
・北側斜面は……コナラ、エゴノキ、イヌシデ、ヤマザクラなどの落葉樹が多い。
・稜線沿いには……ヤマツツジ、ネジキ、リョウブ、コウヤボウキなど。
・林縁や斜面には……ヤマアジサイ、ムラサキシキブ、ガマズミ、イロハカエデ、ヤマユリなど。
・林床には……アズマネザサ、タマノカンアオイ、ヤマルリソウ、イチヤクソウ、オカタツナミソウ、キンラン、ギンラン、ジュウニヒトエ、ニリンソウ、フタリシズカ、ジロボウエンゴサク、ムラサキケマン、キランソウ、タチツボスミレ、オカトラノオ、アキノタムラソウ、キバナアキギリ、ヤブランなど。

キツネノカミソリ

タマノカンアオイ

2 | 11 | 3

小動物の生息地

日野の生きものたち——3

日野市内に生息する生きもの状況は、小動物のノウサギ、タヌキ、アナグマ、イタチなどが丘陵の草地や河原で見つかっている。ハクビシンは増えている。アオダイショウ、シマヘビ、マムシ、ヤマカガシ、スッポンなどもたびたび確認されている。外来種のアカミミガメが増加し、シュレーゲルアオガエルやトウキョウダルマガエル、ヤマアカガエルなどは減っている。カジカガエルの鳴き声が最近聞かれるようになった。トウキョウサンショウウオはかろうじて生息している。

カワセミは市の鳥に指定されており、よく見られる。都会派のハシブトガラス、農村派のハシボソガラスのどちらもいる。ホトトギス、ヨタカ、アオゲラ、カッコウ、ヒレンジャク、キレンジャクもほぼ毎年記録されており、ツバメ、イワツバメも毎年来て営巣する。ヒバリもまだ見られる。冬のカモ類がこの4,5年で激減し、少数ではあるものの2009年からふたたび渡ってくるようになった。アオサギ、カワウ、ダイサギ、オオタカなど大型の鳥が増え、ガビチョウがこの2、3年で急に増えてきた。

魚類はオイカワ、ウグイ、アブラハヤ、カワムツ、タモロコ、シマドジョウ、トウヨシノボリ、カマツカ、ギバチ、ジュズカケハゼなどはよく見られる。ナマズ、ホトケドジョウ、モツゴなどは減っている、アユやブルーギルが増えた。コイは各所にたくさんいるが、ほかの淡水魚の卵を大量に食べてしまい、魚類の多様性を妨げている。

昆虫類はミドリシジミ、ミスジチョウなどが減っている。オナガアゲハ、ミヤマカラスアゲハ、オオムラサキ、ウラギンヒョウモン、ツマグロキチョウなどはほとんど見られなくなった。一方、ナガサキアゲハ、ツマグロヒョウモン、クロコノマチョウ、アカボシゴマダラなど南方や外国産のチョウが増えてきている。オニヤンマ、ギンヤンマも少なくなった。カブトムシ、ノコギリクワガタ、タマムシ、ゲンジボタルもおり、鳴く虫のクビキリギス、キリギリス、マツムシ、カンタンなども生息している。

(杉浦忠機)

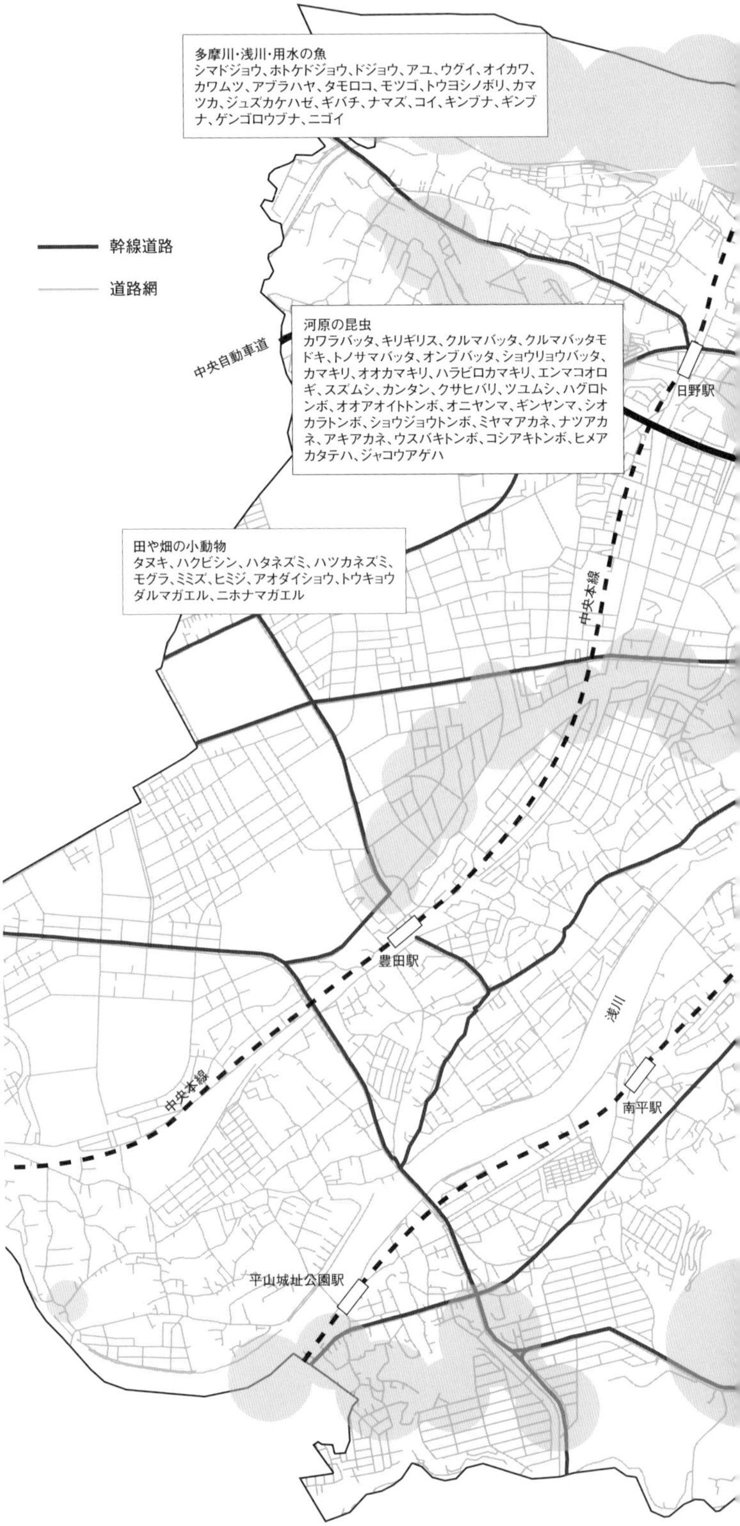

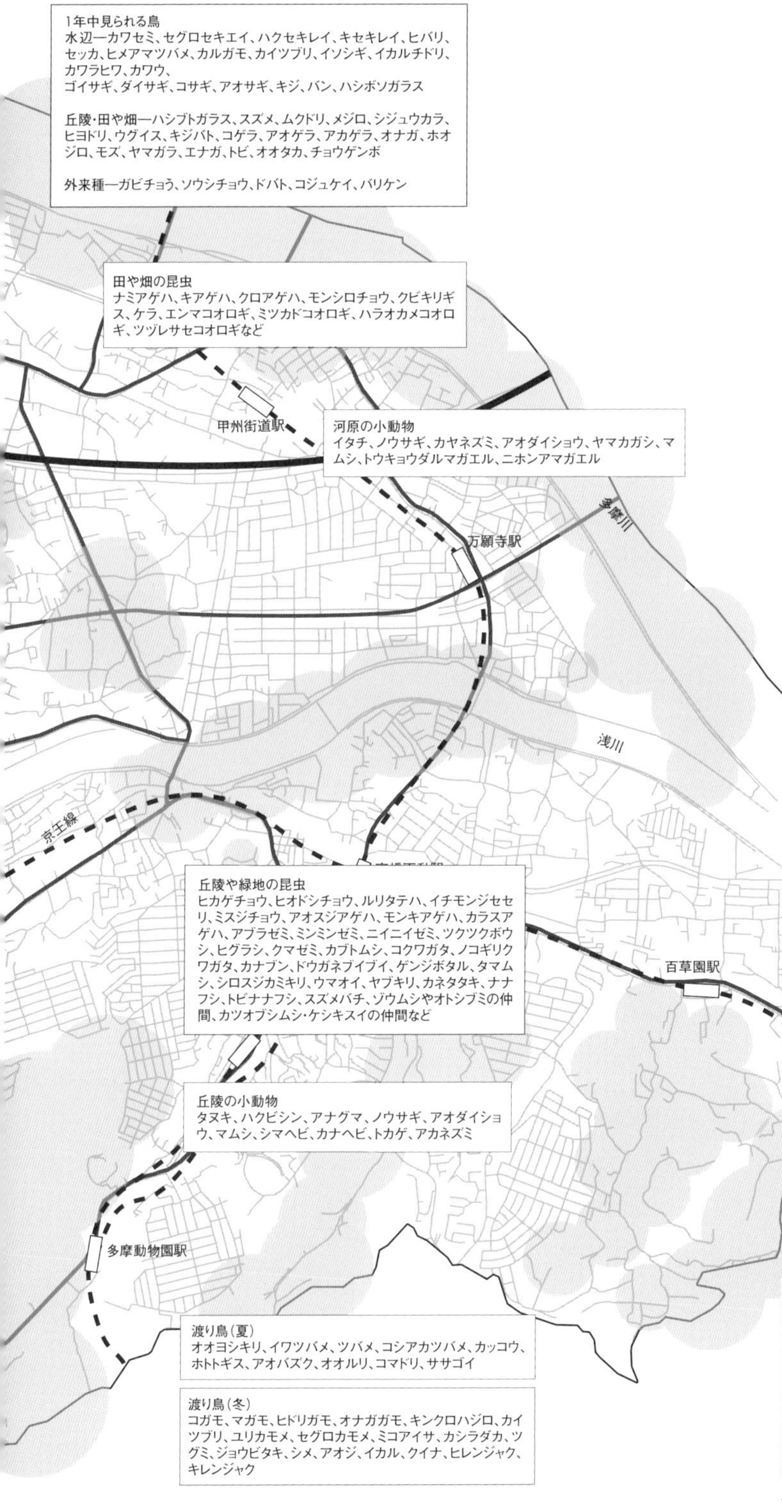
1年中見られる鳥
水辺―カワセミ、セグロセキエイ、ハクセキレイ、キセキレイ、ヒバリ、セッカ、ヒメアマツバメ、カルガモ、カイツブリ、イソシギ、イカルチドリ、カワラヒワ、カワウ、
ゴイサギ、ダイサギ、コサギ、アオサギ、キジ、バン、ハシボソガラス
丘陵・田や畑―ハシブトガラス、スズメ、ムクドリ、メジロ、シジュウカラ、ヒヨドリ、ウグイス、キジバト、コゲラ、アオゲラ、アカゲラ、オナガ、ホオジロ、モズ、ヤマガラ、エナガ、トビ、オオタカ、チョウゲンボ
外来種―ガビチョう、ソウシチョウ、ドバト、コジュケイ、バリケン
田や畑の昆虫
ナミアゲハ、キアゲハ、クロアゲハ、モンシロチョウ、クビキリギス、ケラ、エンマコオロギ、ミツカドコオロギ、ハラオカメコオロギ、ツヅレサセコオロギなど
甲州街道駅
河原の小動物
イタチ、ノウサギ、カヤネズミ、アオダイショウ、ヤマカガシ、マムシ、トウキョウダルマガエル、ニホンアマガエル
多摩川
万願寺駅
浅川
京王線
丘陵や緑地の昆虫
ヒカゲチョウ、ヒオドシチョウ、ルリタテハ、イチモンジセセリ、ミスジチョウ、アオスジアゲハ、モンキアゲハ、カラスアゲハ、アブラゼミ、ミンミンゼミ、ニイニイゼミ、ツクツクボウシ、ヒグラシ、クマゼミ、カブトムシ、コクワガタ、ノコギリクワガタ、カナブン、ドウガネブイブイ、ゲンジボタル、タマムシ、シロスジカミキリ、ウマオイ、ヤブキリ、カネタタキ、ナナフシ、トビナナフシ、スズメバチ、ゾウムシやオトシブミの仲間、カツオブシムシ・ケシキスイの仲間など
百草園駅
丘陵の小動物
タヌキ、ハクビシン、アナグマ、ノウサギ、アオダイショウ、マムシ、シマヘビ、カナヘビ、トカゲ、アカネズミ
京王線
多摩動物園駅
渡り鳥（夏）
オオヨシキリ、イワツバメ、ツバメ、コシアカツバメ、カッコウ、ホトトギス、アオバズク、オオルリ、コマドリ、ササゴイ
渡り鳥（冬）
コガモ、マガモ、ヒドリガモ、オナガガモ、キンクロハジロ、カイツブリ、ユリカモメ、セグロカモメ、ミコアイサ、カシラダカ、ツグミ、ジョウビタキ、シメ、アオジ、イカル、クイナ、ヒレンジャク、キレンジャク

キリギリス

ヒメアカタテハ

タマムシ

シマドジョウ

タヌキ

カマツカ

ニホンアマガエル

セグロセキエイ

カワセミ

2 | 12 | 1
台地下の段丘面に広がる集落（川辺堀之内）
地形と集落の立地——1

● 地形と集落の立地

日野は台地・丘陵地・低地と多様な地形を持ち、古くから人びとの居住の場となってきた。明治初期の時点では、台地中低位面の段丘面・低地の微高地・丘陵地の山すそ・谷あいに、地形に対応するように集落が分布していた。それぞれの集落は、現在どのような姿を見せているのだろうか。

● 段丘面型集落

まず、段丘面の集落のなかで、現在も農村風景が残る川辺堀之内地区を見ていく。川辺堀之内は台地の南側に位置しており、日照条件の良い集落である。古くからある屋敷は、水が湧く、条件の良い崖の下に並ぶ。屋敷の裏は現在も斜面緑地となっている。集落から少し外れると、田んぼが一面に広がっている。図2では、明治初期の道を点線で示しているが、北側の日野バイパスと南側の都道を除けば、古い道がほぼ残る。古い道沿いには、地蔵や大きな木があり、かつての農村風景の雰囲気を現在に伝えている。川辺堀之内には豊田用水、上田用水、黒川水路があり、水道が引かれる以前野菜や食器を洗ったり洗濯に使われた洗い場も、随所に見られる。川辺堀之内は、今後も引き継いでいきたい農村の空間である。

（鈴木順子）

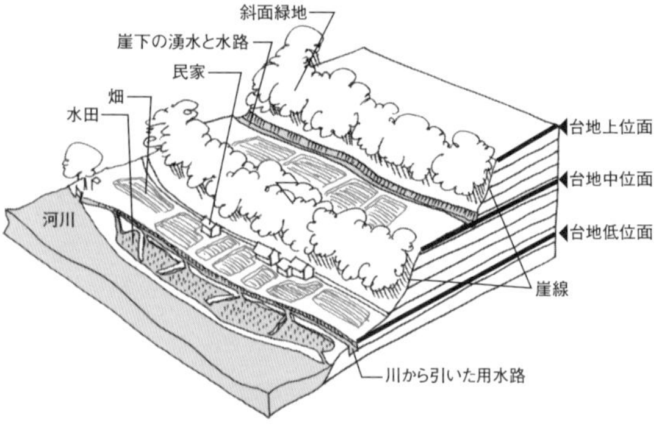

図1　段丘面型（川辺堀之内）集落概念図

写真1　川辺堀之内地区航空写真　上：1947年、下：2005年

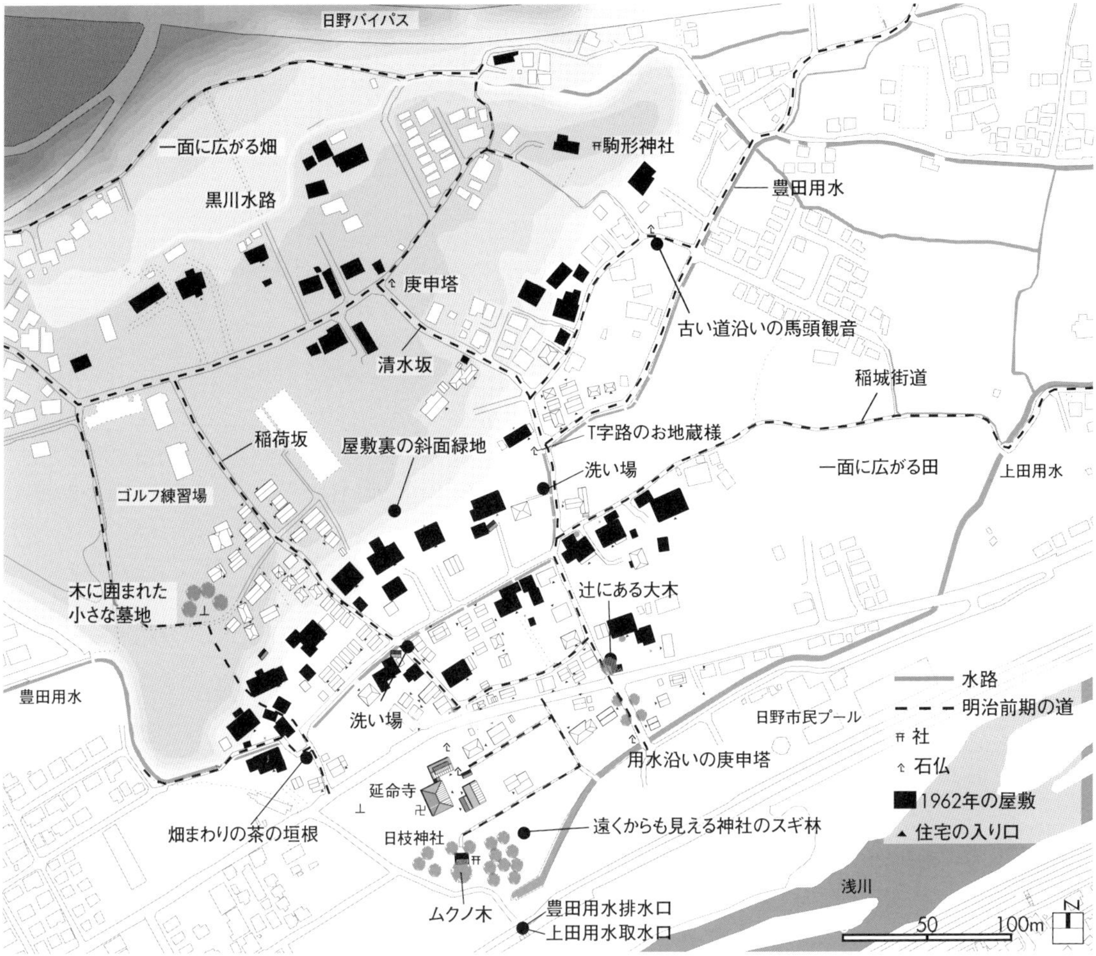

図2　川辺堀之内地区集落図

写真2　豊田用水の洗い場

写真3　川辺堀之内に広がる農地

2 | 12 | 2

低地の微高地に広がる集落(落川)

地形と集落の立地——2

● 低地微高地型集落

低地は、水に恵まれ、生活する上で条件が良く、古くから人の住む場所として選ばれてきた。日野でも南広間地遺跡という大きな遺跡が出土している。しかし浅川や多摩川の堤防が建設される前の低地は、つねに洪水の危険と隣り合わせであった。そのため、洪水の被害を受けにくい、低地より少し高くなった微高地が、居住の場となってきた。丘陵地のように崖のない低地は、区画整理を受けやすく、面的に宅地開発が行われ、微高地に点々と家があるような風景は一変しいった。ここでは、低地の微高地に立地する集落の中でも、現在も比較的変化の少ない落川を見ることにする。

落川は浅川の南側に位置し、京王線百草園駅を最寄り駅とするエリアである。1961(昭和36)年の航空写真を見ると、図2で示した自然堤防の形とほぼ同じように家が分布しており、その外には農地が広がっている様子がわかる。現在も、屋敷構えの立派な大きな家は、ほぼ自然堤防(低地の微高地)に立地している。点線で示した古い道沿いには、庚申塔や祠が随所に見られる。だが、それ以外の土地には小規模な建物が建て込んでいる。つまり落川は古い集落を残しながら、農地に宅地開発が行われていったことがわかる。

(鈴木順子)

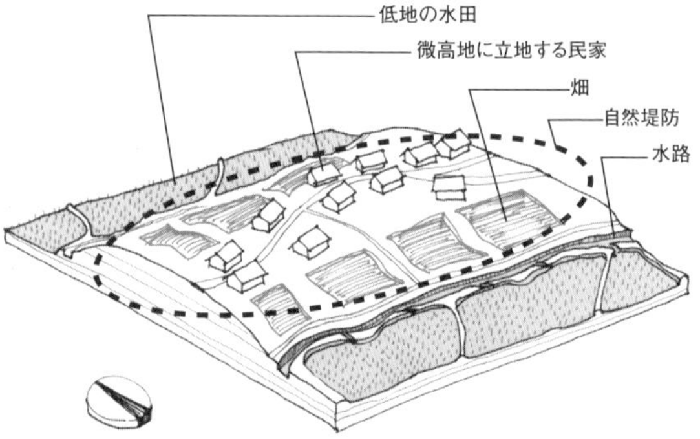

図1　低地微高地型(落川)の集落概念図

写真1　落川航空写真　上:1961年、下:2005年

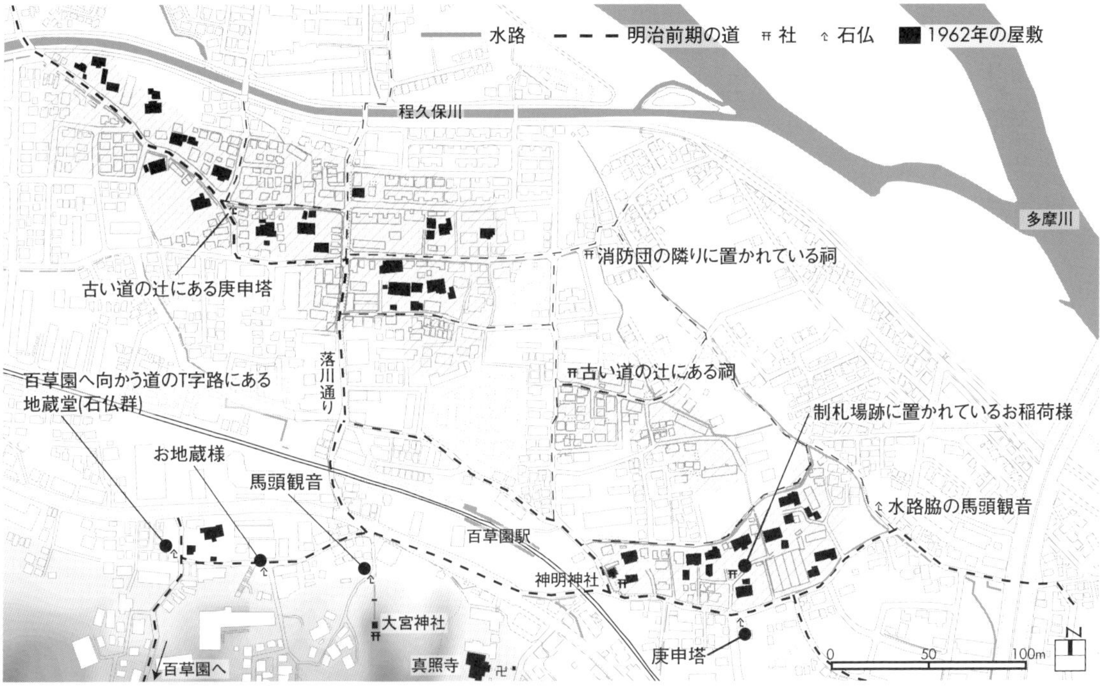

図2　落川集落図（斜線部は自然堤防）

写真2　一の宮用水

写真3　一の宮用水と馬頭観音

写真4　制札場跡

2｜12｜3
丘陵の裾に広がる集落（平山）
地形と集落の立地——3

● 丘陵山裾型集落

浅川に近い丘陵地の山すそには、北斜面という不利な日照条件だが、集落がいくつか点在する。川の水と山から湧き出る水（絞り水と言われている）に恵まれた環境があったからである。この山すそ集落のなかでも、中世に豪族の平山氏が城館を構え、比較的大きな規模の集落をもつ平山（現・平山6丁目）を見ていく。

平山は八王子市と日野市の境に位置し、浅川寄りには京王線平山城址公園駅がある。北側の北野街道を除くと、ほぼ古い道が今も残されていることが図2からよみとれる。宗印寺は、集落より少し高い丘陵の窪に位置し、駅を降りるとその姿を垣間見れる。また、集落の端や古い道筋には石仏、曲がり角には樹木など、変化に富んだ道の風景がある。平山は、他の農村集落より、やや集落密度の高い印象がある。（鈴木順子）

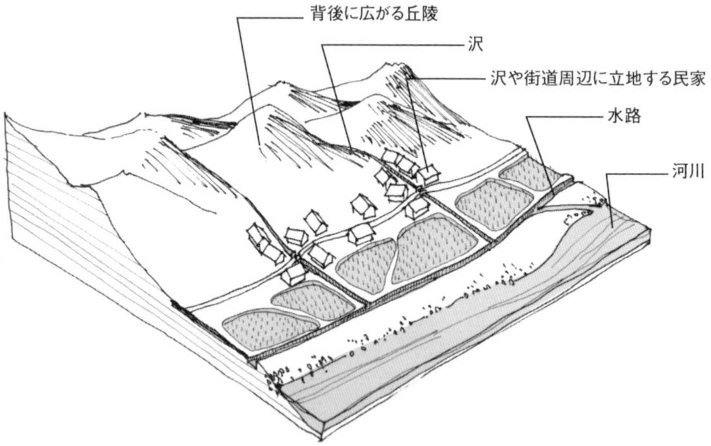

図1　丘陵裾型集落（平山）概念図

写真1　平山航空写真　左：1947年、右：2005年

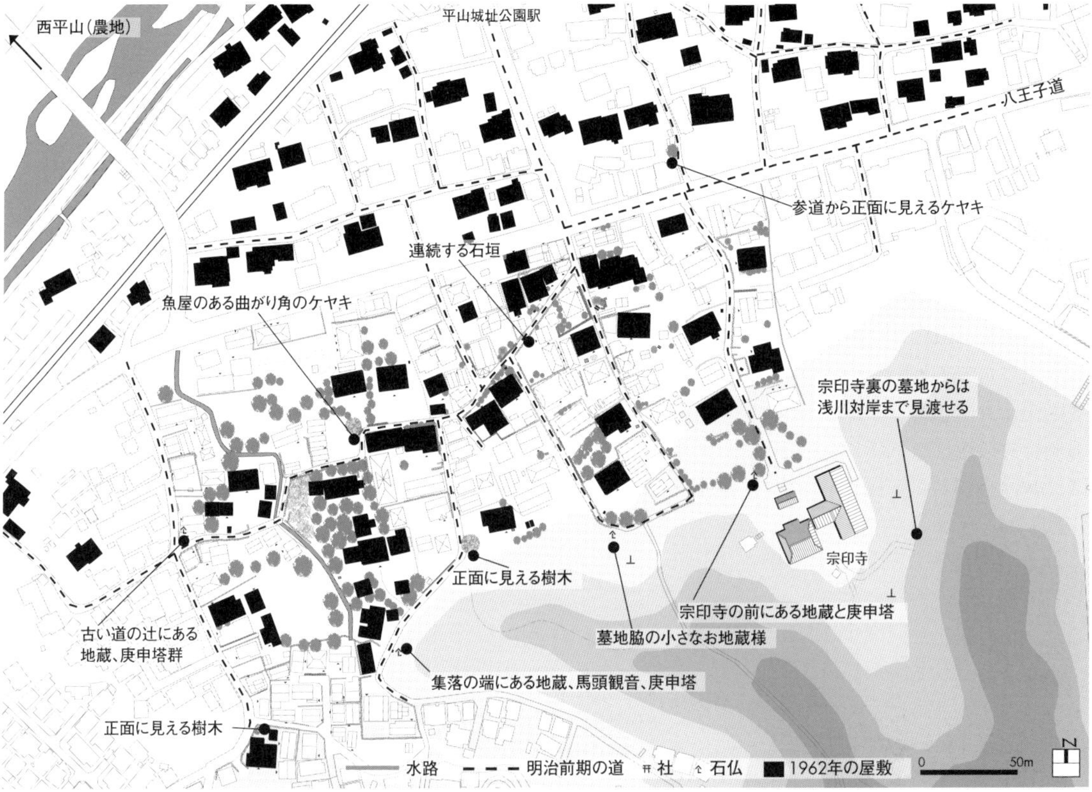
西平山(農地)
平山城址公園駅
八王子道
参道から正面に見えるケヤキ
連続する石垣
魚屋のある曲がり角のケヤキ
宗印寺裏の墓地からは
浅川対岸まで見渡せる
宗印寺
正面に見える樹木
宗印寺の前にある地蔵と庚申塔
墓地脇の小さなお地蔵様
古い道の辻にある
地蔵、庚申塔群
集落の端にある地蔵、馬頭観音、庚申塔
正面に見える樹木
水路
明治前期の道
社
石仏
1962年の屋敷
0
50m
N

図2　平山集落図

写真2

写真3

写真4

2 | 12 | 4
谷あいに伸びる集落(程久保)
地形と集落の立地――4

● 丘陵谷あい型集落

丘陵の谷あいに連続する集落に程久保があげられる。谷道沿いに集落をつくる程久保だが、屋敷は谷の北側に連続して、日照条件の良い立地を選ぶ。谷の一番低いところには沢が流れ、程久保川に至る。程久保は西から上程久保、多摩動物公園駅から東へ中程久保、下程久保と分かれている。

上程久保は現在まで大きな変化を受けず、10軒程度の集落規模を維持してきた。屋敷の裏や少し離れた道沿いに墓地を持ち、先祖の霊を身近に感じながら生活している様子が感じられる。

中・下程久保は、丘陵地の宅地開発が大規模に行われ、一変してしまったかに見える。しかし、現在も古い道や家が残り、道中や集落の境には石仏が置かれるなどかつての古い風景を想像することができる。このような石仏は集落の境界に配置されることで、疫病が集落に入らないように願いを込めたと伝えられている。また、屋敷の裏の崖上に墓がいくつか見られ、上程久保と同じく先祖を身近に祀っている。程久保では、先祖や死者を身近に祀る、生活の営みを感じることができる。

(鈴木順子)

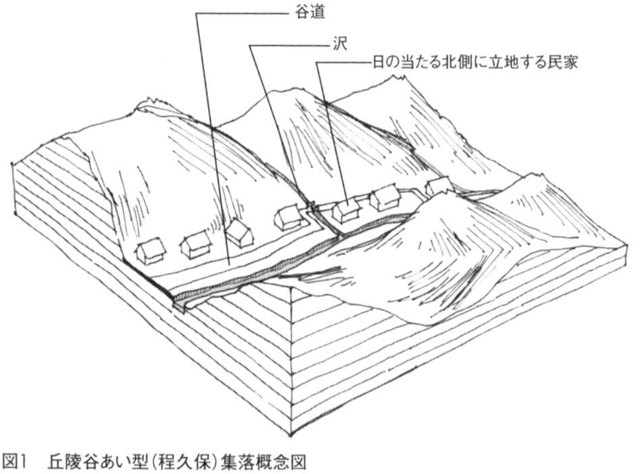

図1　丘陵谷あい型(程久保)集落概念図

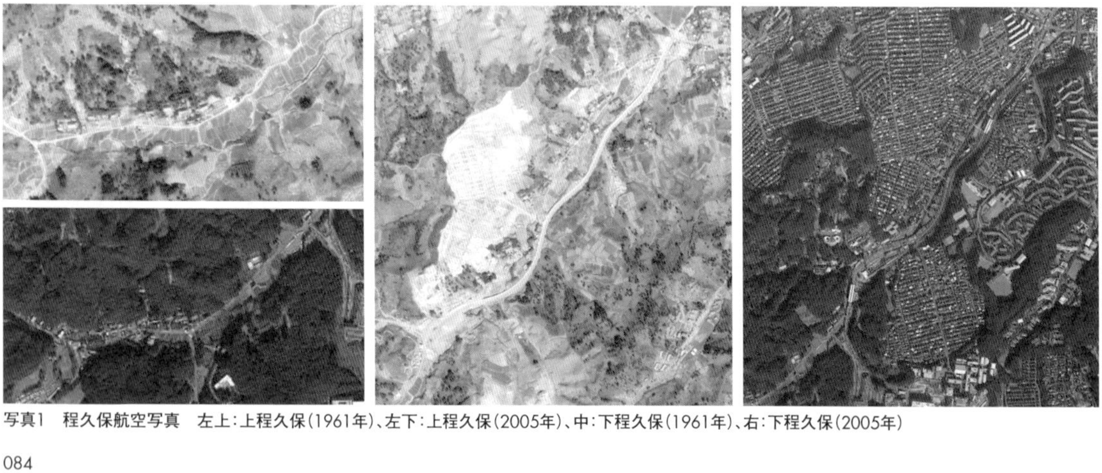

写真1　程久保航空写真　左上:上程久保(1961年)、左下:上程久保(2005年)、中:下程久保(1961年)、右:下程久保(2005年)

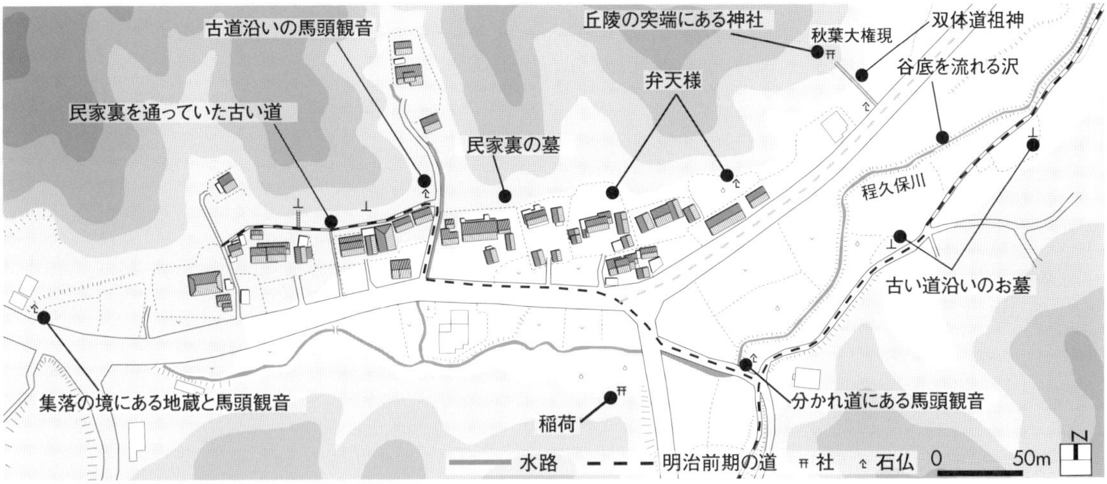

図2　程久保集落図

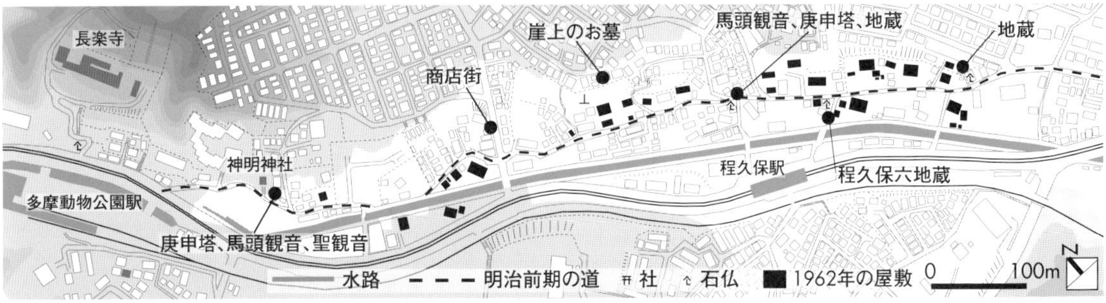

図3　程久保集落図

写真2　程久保の田園風景

2 | 12 | 5
街道沿いに連続する集落（日野宿）
地形と集落の立地——5

● 街道型集落

甲州街道沿いに発展した宿場町である日野宿（日野本町）は、街道に沿って特徴的な集落構造を形成してきた。

日野宿周辺の地形は、台地の低位面であり、甲州街道のあたりはゆるやかな尾根が東西に走り、街道は宿の端で折曲がる。その西と東の境には、それぞれ西の地蔵・東の地蔵が旅人の安全を見守り、町を災厄から守るように置かれている。また、街道の南側には日野用水上堰、北側には下堰が流れている。

日野宿の町割りは、甲州街道に面して、間口が狭く、奥に長い構成をとっており、現在もそれを引き継いでいる。航空写真からもわかるように、1960（昭和35）年代ごろまで、町は2本の用水の内側までだった。町の外側は田が一面に広がっており、夏には、田を抜ける涼しくて気持ちの良い風が吹いてきたそうだ。

日野宿は江戸時代の街道整備によってつくられた町であるが、その北側にも古い集落がある。欣浄寺や普門寺などがある街道の一本裏にある道沿いには、曲がり角に地蔵が置かれていたり、風から屋根を守るカシの防風林（カシグネ）をもつ家が数軒並ぶ。この通りは甲州街道開道以前からあり、日野宿は中世にさかのぼる歴史をもつ町でもある。

（鈴木順子）

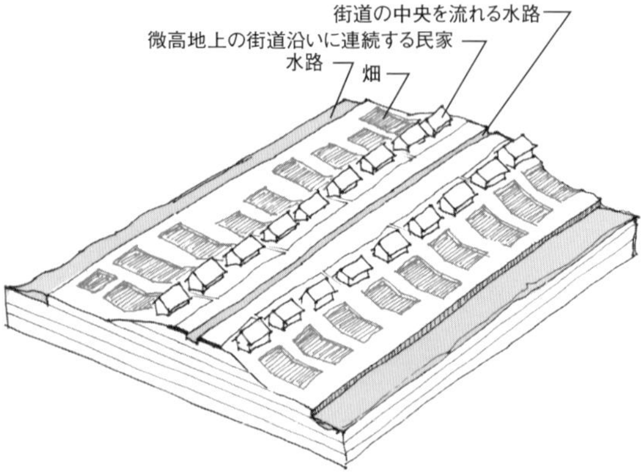

図1　街道型（日野宿）集落概念図

写真1　日野本町航空写真　上：1961年、下：2005年

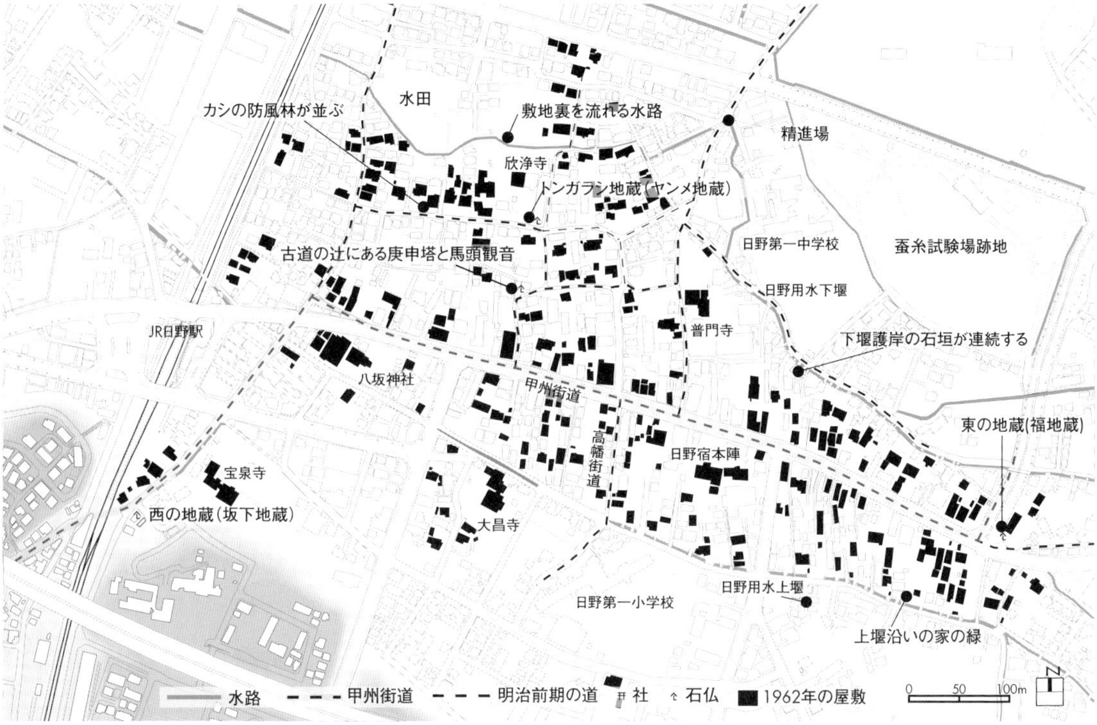

図2　日野集落図

写真2　カシの風垣の家（甲州街道北側の古道に面する民家）

写真3　古道の辻にある地蔵

写真4　日野宿北側（多摩川方面）の段差部を流れる日野用水下堰

2 | 13 | 1
敷地の空間構成
敷地と建物の関係——1

日野市内には、農村や宿場町の面影を残す農家や町家が現在も残り、当時の空間の仕組みをうかがい知ることができる。

一般に農家は、敷地の南側に庭があり、農作業を行う場所や畑として利用されている。建物は、母屋が屋敷地の中央か北側に南面して建てられる。東南方向、または西側に土蔵がある。そのほかにも、付属する建物(蔵・納屋・便所など)は南を避けて位置する。市内にある農家は、その立地条件によって差異がみられる。また、農家の多くは敷地内に屋敷神を祀っている。集落ごとに鬼門か、裏鬼門のどちらかに置く傾向がみられ、屋敷が隣接する道を歩くと、それらを随所に発見することができる。

川辺堀之内や豊田など、台地段丘面型集落では、地形に沿って水路があり、東西に通る道に敷地が接している。庭の中央に母屋へ向かう道が通され、その両側は畑として利用するタイプが多くみられる。母屋の北側は斜面で、その崖下には掘抜井戸がある。現在もそれを利用している民家がある。

平山や南平などの丘陵裾型集落は、北側斜面に立地し、段上ごとに敷地が造成され、石垣も多く見られる。このタイプでは、等高線に沿って垂直に道が通されているのが特徴である。その道から敷地内に入り、母屋の南か東面に入口が設けられている。

程久保や百草などの丘陵谷あい型集落では、地形の低い所に川や水路があり、その脇には水路を利用した水田が広がっている。

宿場町の敷地内配置は、農村とは異なり、方位を優先せずに街道や道との関係でほぼ決まる。日野本町の街道型集落では、東西に伸びる甲州街道に沿って短冊形に敷地割りがされ、母屋や蔵は街道沿いに配置されたものが多い。また、屋敷神は敷地の鬼門・裏鬼門に置かれるが、街道沿いは避け、母屋や蔵の背後に置かれる傾向がある。

(石渡雄士、鈴木順子)

写真1　川辺堀之内の農家

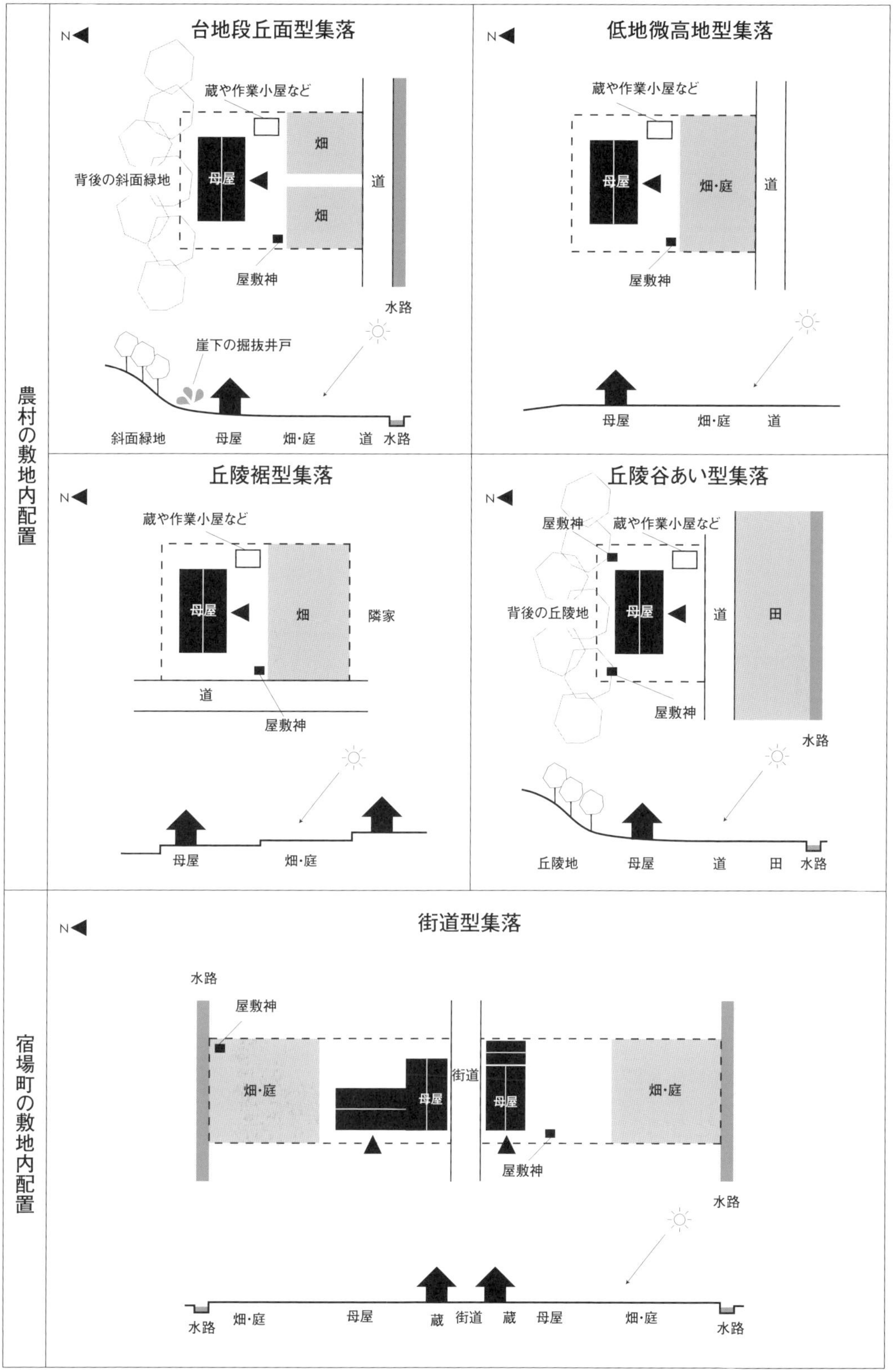

図1　集落、宿場町に多く見られる敷地の構成

2｜13｜2
丘陵地にある農家(平山)
敷地と建物の関係——2

平山は北斜面に位置することから、母屋より、南にある畑の方が高い場所にある。敷地のなかには石垣による造成が見られ、最大で3段階の段差がある。

屋敷神は、鬼門の方角ではないが、敷地のなかで最も高い場所に置かれている。また、台地段丘面にある川辺堀之内や豊田と同じく、母屋の北側に地下水を汲み上げるポンプをもっている。平山も6mほど掘ると水が出るような地下水脈に恵まれている場所である。だが、深度がないと農薬などの土壌の汚染を強く受けてしまうと聞く。汲み上げた地下水は現在でも料理や飲料水として使っており、風呂、流し、洗たくなどの水は水道水を使うという。このように水道が通された現在でも、地下水は生活に欠かせないものとなっている。南側には湧水を利用した池がある。

母屋は1955(昭和30)年に建て替えられたものである。20年前に北側をリフォームしたが、四間取りの形式を残しており、玄関を入ったところは現在応接スペースとして使われている。リフォーム前は、現在の台所のところあたりまでL字型の土間となっていた。養蚕期には、家中の部屋の畳を取り払い、家中が蚕室となった。養蚕の間は物置で寝ていたという。

(鈴木順子)

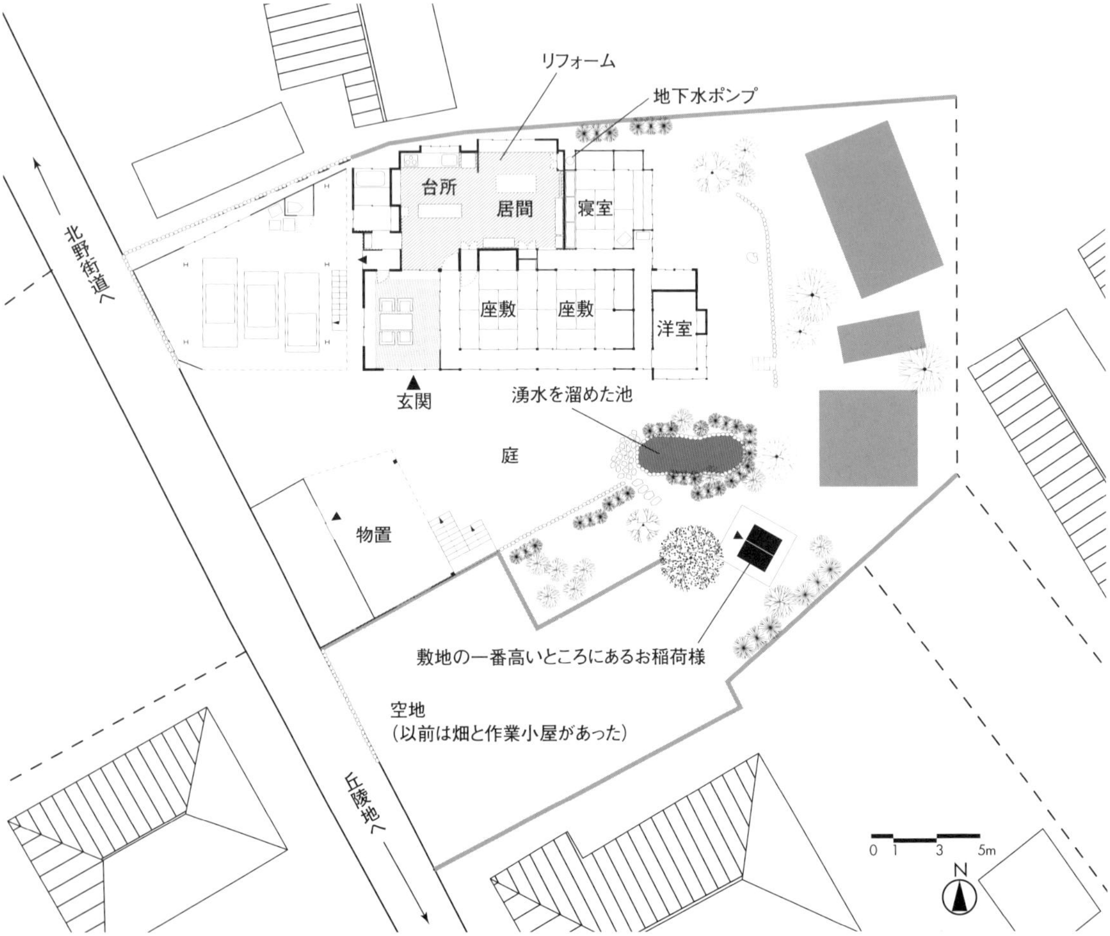

図1 平山にある農家B家の敷地平面図

写真1　敷地の高いところにある稲荷様

写真2　平山にあるB家南面

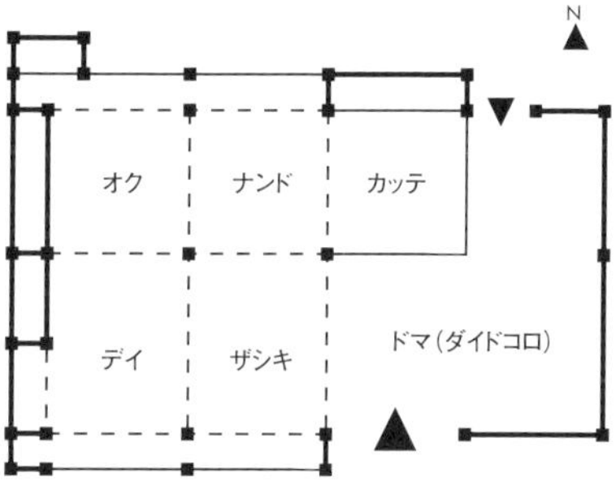

図2　典型的な農家の間取り

写真3　丘陵地へ向かう道

2 | 13 | 3
崖線にある別荘(豊田)
敷地と建物の関係――3

日野の豊かな自然と水は、都心に住む人びとを憩の場として引き寄せてきた。豊田のJ邸も1942(昭和17)年に別荘として崖線下、豊田用水沿いに建てられた。崖線付近にはいくつか別荘があったようだが、J邸は日野に残る戦前からの数少ない別荘建築のひとつである。

所有者の話によるとこの別荘は、父親とその仲間が書画を楽しむ「清遊」の場として建てたという。現NBCの創始者と交友があり、その人に誘われ日野に来た。交友仲間であった日本画家の岸波百草居が、建物の設計から内部の屏風や襖などの絵も手がけた。

南西角には茶室もあり、かつては目の前の田園風景を眺めながら、お茶を楽しんだ。玄関は西側の池に面して設けられている。日野の民家が南入りであるのに対し西入りである。当時は生活道路が北側崖線の上にあったために、敷地北側からの出入りや池を臨みながら玄関に入る。あるいは、茶室までを池からの流れに沿って歩くという趣向が凝らされている。

井戸からは当時高さ1mほど水が自噴し、その井戸水を利用して庭に洗い場を設けたり、豊田用水に面した池まで小さな流れをつくっている。家で使う水は井戸水を利用し、庭仕事でつかうものは前を流れる用水も利用した。その後台地の開発にともない、井戸の水位が下がったため、ポンプに切り替えたが、最近またわずかに自噴するようになったという。

(鈴木順子、長野浩子)

写真1　北側に崖線を背に建つ豊田のJ家。手前には豊田用水が流れる。

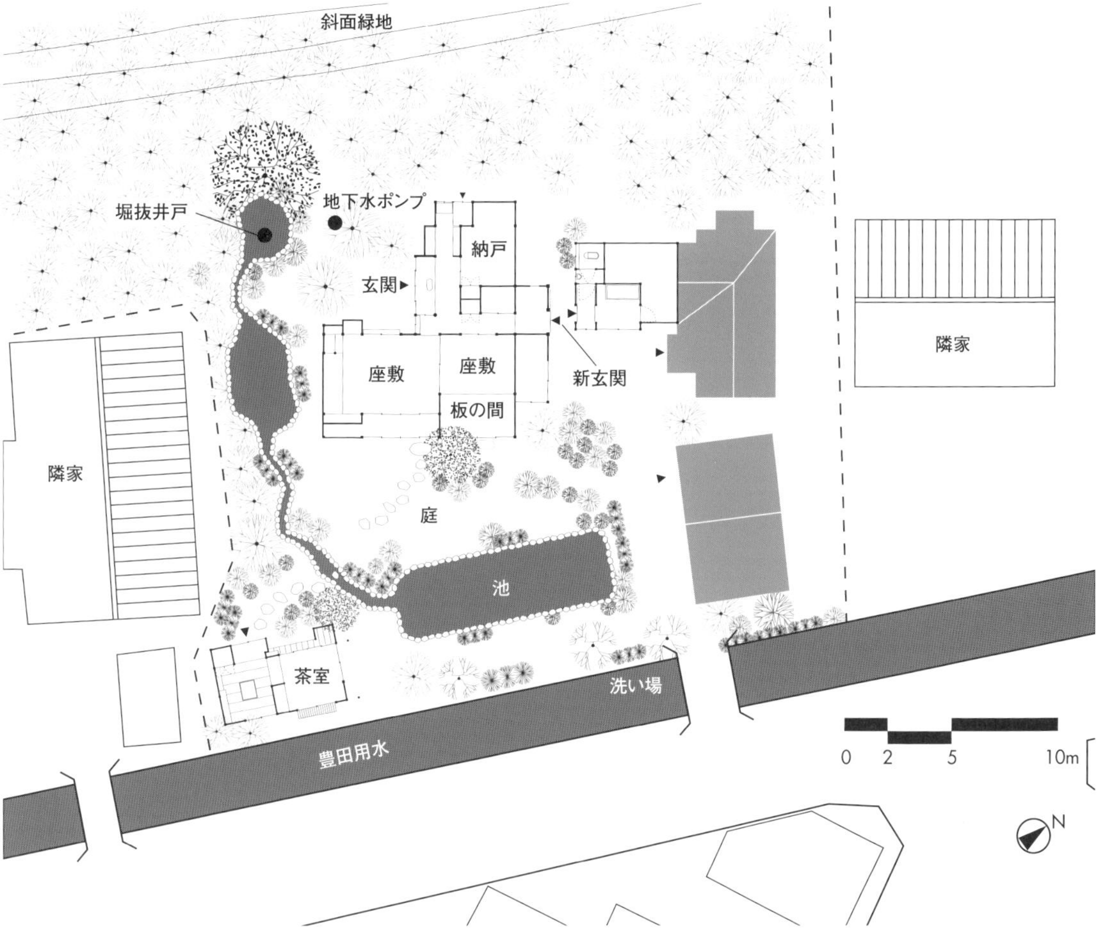

図1　J邸敷地平面図

写真2　昭和19年6月、かつては庭から豊田の耕地整理された水田の広がり、浅川の対岸の丘陵地も見渡せた。京王線の電車も見えたという。

写真3　昭和19年とほぼ同じ地点からの眺め。現在は水田は区画整理され、間近に住宅地が迫っている。

2 | 14
水と居住空間

● 多様な水辺と住まい

日野の居住環境は変化に富んでいる。基盤となる地理的条件は、多摩丘陵や台地、市の北部を流れる多摩川や中央部を西から東へ流れる浅川流域の低地というように、高低の変化がみられる。高低の境界域である丘陵地や台地の裾からは、生きるための原点である水が豊富に湧出しており、多様性に富んだ地形と相まって変化のある自然景観をつくり出している。水のあるところには、古くから人びとの暮らしが営まれてきたことが、発掘資料からもわかる。稲作に適した低地には総延長100kmを超える用水が網目状にはりめぐらされ、斜面の緑を背景にした微高地には、住宅がつくられ、日野の骨格的風景ができ上がっていった。いまでは水路が減少しつつあるが、東光寺や川辺堀之内、新井、豊田、西平山、倉沢地域には、これらの風景が残されている。

住宅地は水路沿いに立地する割合が高い。それはかつてから人の生活と水路とが密接に関係しているからである。

事例として、日野用水上堰と日野用水下堰沿いにおける宅地をみると、上堰・下堰ともに、水は西から東へと流れ、水路が宅地の南側に位置する場合と北側に位置する場合とに分けられる。ここでは、上堰が前者、下堰が後者となり、用水が宅地の南を流れるのか、北を流れるのかによって、住宅環境、立地に変化が生じる。

● 橋を渡るアプローチ

宿場町の名残りがある短冊状の細長い敷地割りには、間口の狭い住宅が多く、その傾向はとくに上堰のほうが顕著である。また、水路が住宅の前を通っているため、橋を渡ってアプローチするという特徴が見られる。車庫を持つ住宅では、人だけでなく、車も橋を渡る。そのため、橋には車が通れるほどの幅が必要となる。間口が狭いうえに、橋が架かると、住宅の前の水路は蓋がされた状態となり、それが隣接すると明るい水面を見ることが難しくなる。とくに敷地が細長い上堰の水路では、橋によって覆われている部分が多くなる。

● 住まいへの距離と橋の材

「水辺と住宅までの距離」を上堰、下堰で比較すると、南側に水路をもつ上堰の方が、水辺までの距離が遠いことがわかる。これは、敷地の北側に建物を寄せて、南側に庭をとる住宅配置が一般的なことによる。南にオープンスペースを設けることで、明るいリビングから庭をのぞむことが可能になる。欧米に比べて敷地が狭い日本においては、少しでも明るく広い庭を確保するための工夫がなされる。

橋の形状や素材もさまざまである。昔は木の橋がほとんどだったが、現在では、自動車を考慮せねばならず、コンクリート造の橋が多く見られる。しかし、なかにはデザインにもこだわったアーチ型の橋や御影石、レンガの橋を架けた住宅もある。住む人のこだわりがあらわれ、道行く人を楽しませてくれる。 （永瀬克己）

写真1　水辺へのこころづかい　水面に垂れるハイビャクシンも石垣をみせながら植えられている。自然石で境界を切り上げ敷地を高くし、刈り込みの屋敷囲いからは、緩やかな風がぬけてゆく。住まい手のこころづかいが見える水辺景観である。

写真2　目立つものを修景する考え　ブルーのエキスパンドメタル・フェンスは、この景観のなかで最も強く主張する環境要素である。進出色から後退色（黒やこげ茶色など）にするとフェンスは風景に溶け込んでくる。

写真3　モザイク状の田と住宅　かつては水田地帯であったものが、1960年代の郊外の都市化や、世代交代時の相続税対策によって宅地化が進行し、住宅地のなかに水田が残るようなモザイク状の土地利用が一般化していった。

写真4　用水を意識した住環境の景観　白の土塀風囲いをもつ屋敷地である。和の景観による落ち着いた佇まいを残している。松や刈り込みなどの植木類もそれに合わせるように造りこまれている。

2 | 15
道の風景
樹木、石垣、石仏

日野の農村風景の魅力のひとつとして、道沿いの樹木や石垣、地蔵など、道に関連したものがあるが、これらは古い道沿いに多く見られる。新しくつくられる道が失った風景はどのようなものなのか。

● 道とともに風景を作る樹木

古くからある道の辻には、しばしば大きな木が見られる。写真1は樹齢数百年にもなる大木で、市の保護登録樹にもなっている。路上から見える風景からも、辻にある大木は、目印として機能する。それだけでなく、集落のなかでのシンボルのような存在であることが想像される。

また、道を歩いていると、視線の延長上に樹木が飛び込んでくることもある。写真2のけやきの木は、うねった道の形状と木の位置が呼応し、風景にアクセントを与えている。そのほかにも、曲がり角に位置する大木も多数ある。写真3の木は、商店がある曲がり角にあるが、店の前で立ち話をする人に心地よい木陰を与えてくれる。

このように、道沿いの樹木は、道と関係をもって配置され、道の風景を豊かにし、目を楽しませてくれる。

写真1　樹齢数百年の大木

写真2　アイストップとなるけやき

写真3　商店の曲がり角に立つ木

写真4　石垣の連続する道

● 連続する石垣

日野の古い道沿いには、石垣がよく見られる。使われている石は、角の丸い玉石が多く、日野が浅川や多摩川に近いことを意識させる。丘陵地に位置する平山では、南側が高く、北側が低いことから、南北に走る道では石垣が続く風景に出会う。また、東西に走る道は、基本的に等高線と平行であるため、写真4、5のように長く連続した石垣が見られる。

このように、連続する石垣は地形を視覚的に体感させてくれる身近な風景要素となる。

写真5　石垣のある坂

● 要所に存在する地蔵・祠

道沿いの風景の象徴的要素として、道祖神、地蔵、祠などがある。これらは一般的に、集落の境界や道の辻、三叉路などに置かれることが多い。日野もまた例外ではなく、日野宿の境界を示す西の地蔵・東の地蔵や、目の病に効果があるとされるヤンメ地蔵など、広く知られたものも含め、多く見かける。それぞれの地域に今もたたずむ地蔵や道祖神はくらしや旅の安全を願う人びとの思いを感じさせる。写真6、7は道の辻に置かれた地蔵であるが、日野の古い集落によく見られる。道の辻はとても目立つ場所なので、これらの石仏は、歩くときの道風景をより印象的にする。

古道沿いにある程久保六地蔵は、1795（寛政7）年に造営されたものであるといわれている。背後にはさるすべりの木がそびえ、昔は程久保の多くの子供がこの木に登って遊んだそうである。地蔵は、地域で身近な心の拠り所とされ、多くの人に大事にされてきた。

そのほか、写真8のような集落の境に置かれている地蔵もよく見かける。これは、村に災厄を入れない守り神として置かれた。現在も花などが供えら

写真6　道の辻にある地蔵（川辺堀之内）

れ大切にされている。このような集落の境に立つ地蔵は、昔の集落と外の境界を視覚的に感じると同時に、現世と来世、過去と現在をつなぐ集落の人びとにとって重要な風景要素なのである。現在の郊外地では、建物が延々と建て込んで連続する風景が当たり前になっているが、このような集落の境に立つ地蔵があることによって、昔の集落と外の境界を視覚的に感じることができる。（鈴木順子、荒井邦）

写真7　辻にある祠と石仏（平山）

写真8　道中にある馬頭観音（平山）

写真9　百草園への入り口の辻にある馬頭観音

2 | 16
カミサマ、オテントサマ、“オカイコサマ”
養蚕と農家の暮らし

● 近代日本を支えた養蚕と日野

明治以後の日本にとって、外国に向けた貿易品である生糸と茶の産業は、欠かせないもののひとつであった。日野の養蚕は、古くは江戸後期から行われていたようである。良質な桑の葉の産地であり、蚕種生産も盛んだったこと、また織物の町八王子にも近かったため、明治以降、養蚕の適地となっていく。1905（明治38）年に日野町ができるまで一時、豊田や川辺堀之内、上田など8村が合併し、桑田村を名乗った時代もあった。養蚕最盛期の大正後期から昭和初期にかけ、農家の約75%が養蚕を行い、農家収入のじつに25%が養蚕によるものであった。こうした流れのなかで昭和のはじめには、生糸の品質を世界水準に高めるために、蚕糸試験場日野桑園が置かれる。1975（昭和50）年には最後の養蚕農家もやめ、1980（昭和55）年には蚕糸試験場日野桑園も筑波へ移転し、日野の養蚕の歴史は幕を閉じた。

● 農家の養蚕

各農家で広く行われた養蚕は、一般的には年に3回（または4回）行われ、「春蚕」、「夏蚕」、「晩秋蚕」と名づけられていた。これは、農繁期を避けて可能なかぎり多くの回数をこなすスケジュールであったと考えられる。多くの農家では、養蚕期になると家中を利用する。この時期は、人間より蚕優先の生活が行われた。養蚕を行うには温度管理が重要であった

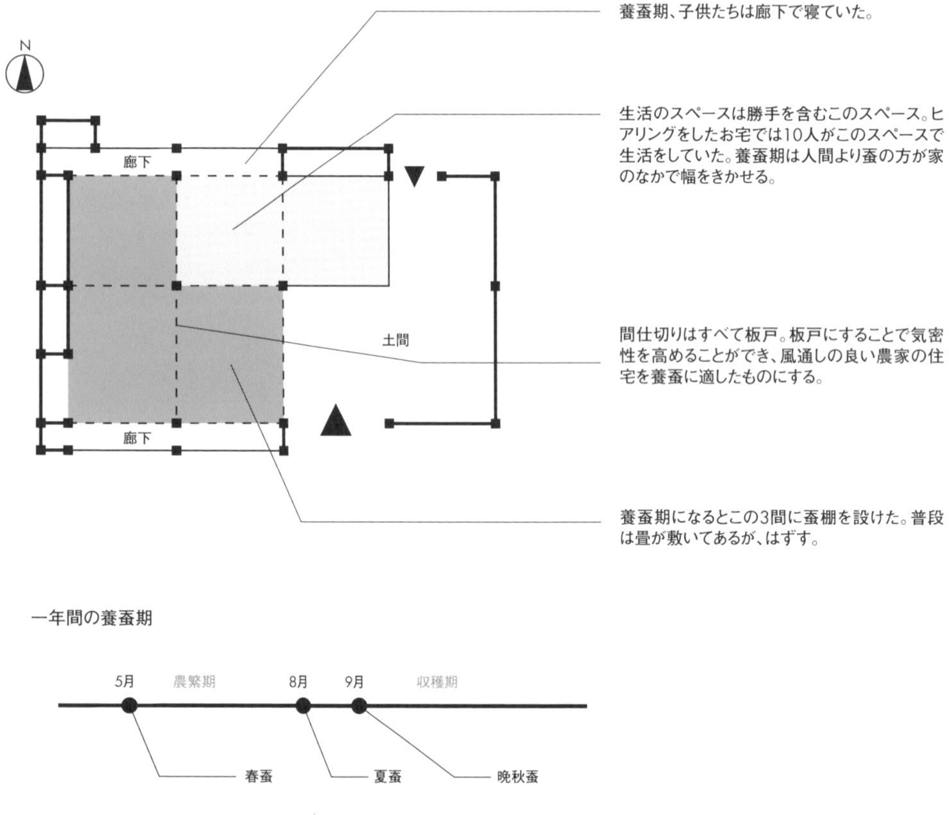

図1　農家における養蚕と1年における養蚕期（川辺堀之内のヒアリングをもとに著者作成）

写真1　繭玉飾り。養蚕を営む農家では繭玉飾りが行われていた
（出典：『企画展 日野と養蚕―オコサマをそだてて』日野市ふるさと博物館、1991年）

写真2　繭玉飾りとともに用いられた信仰の掛け軸

が、従来の農家建築は気密性が低い。そのため、暖めた空気が逃げないように間仕切りを板戸にし、目張りを施すなどして、養蚕に適した環境をつくるためにさまざまな工夫がされていた。また、養蚕専用の建物（蚕室）を別にもっている農家もあった。

● 養蚕信仰（繭玉飾り）

養蚕は、各農家の重要な収入源でもあった。そのため、蚕は「オカイコサマ」などと呼ばれ、大切に扱われてきた。カミサマやオテントサマと同じように重要であったことがうかがえる。しかし、繭の病気の流行、桑が霜にやられるなど、つねに安定した収入が期待できるわけではなかった。そうしたなかで、五穀豊穣や農家の女性達の慰労の意味合いも含めた繭玉飾りが行われたが、養蚕の衰退とともに繭玉飾りを行う家も減少していった。現在でも繭玉飾りを行っている百草の農家では、毎年1月14日から15日の間に飾り付けを行う。部屋の一角に、繭を模した米粉の団子と蜜柑を家から三里四方で取れた木の枝に飾り、石臼などに固定して置かれる。そして、背後には養蚕信仰の掛け軸を掛ける。行事が終わると団子は、どんど焼きに持って行き、焼いて食べられた。おなかいっぱい食べることができるこの行事は、当時の子どもたちにとっては待ち遠しい時間であった。

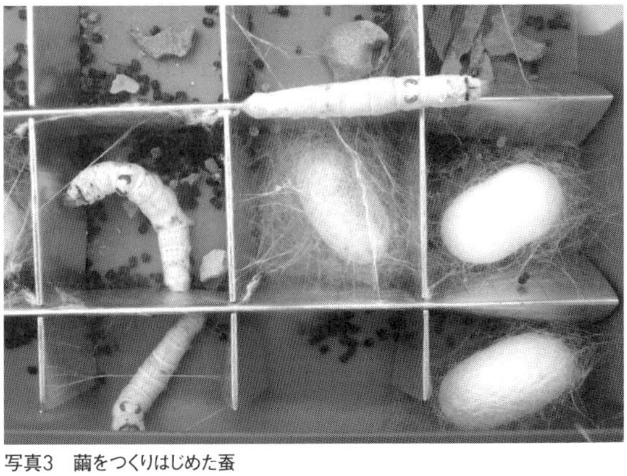

写真3　繭をつくりはじめた蚕

● 仲田小学校の「カイコをそだてよう」

仲田小学校では、敷地の一部が蚕糸試験場だったこともあり、3年生が総合的学習でカイコを育てる授業を行っている。育てるのに必要な桑の葉は敷地内に生えているものを利用しているそうだ。蚕は繭にして絹糸をとったり蛾になるまで観察する生徒もいる。同時に子どもたちは日野の養蚕の歴史も調べる。（鈴木順子、上村耕平、大前光央、長野浩子）

2 | 17
養蚕技術を支えた蚕糸試験場日野桑園

● 蚕糸衰退

JR中央線日野駅を降り、かつての宿場町・日野宿を通って左手に道を1本入って行くと、突然視界に鬱蒼とした森が飛び込んでくる。昭和のはじめ、ここに、日本の養蚕技術を支えた蚕糸試験場日野桑園が置かれた。このほかにも万願寺、隣地の河原（神明という説もある）にも桑園が設けられた。敷地内には、蚕室や蚕や桑の品種改良・品質の向上の研究を行う施設をはじめ、職員のための宿舎なども設けられた。養蚕の衰退とともに、1980（昭和55）年には筑波へ移転し、周辺をフェンスで囲われることとなる。その際に、一部の建物を除き、多くはその基礎を残して解体された。移転から四半世紀を経た現在、廃墟のなかに自然の森が再生し、「仲田の森」として市民から親しまれている。

● 歴史の変化を刻む場所

敷地の北西から流れる用水路は試験場がこの地に置かれる以前にあった水田の名残である。その後の試験場の建設、移転、そして森の誕生とそのなかで遊ぶ子どもたち。この場所は、近代そして現代のなかで幾重にも繰り返された変化を目に見える形で刻む数少ない場なのではないだろうか。2010年現在、南側ではすでに“ふれあいホール”の建設がはじまっている。そして残された森をどうしていくか、市民と行政がともに考えはじめている。

● 現存する蚕糸試験場の建物

試験場の第1蚕室と第6蚕室は、現在でもその姿を見ることができる。30年ほど放置されたふたつの建物は損傷が激しく、廃屋にしか見えないかもしれない。しかし、よく観察すると、昭和初期に建てられた建築であったことがその意匠からもわかる。

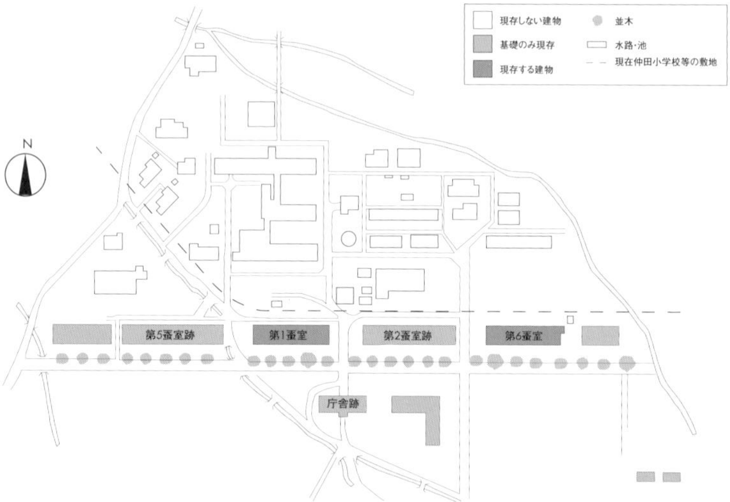

図1　養蚕試験場配置図（1950年代の配置図を元に作成）

写真1　移転直前の試験場内と並木道（昭和55年）

写真2　移転直前の試験場周辺（昭和55年）

写真3　桑畑（昭和30年代）

● 第１蚕室――類い希な洋風意匠

ここは蚕糸試験場のなかで最も早い時期に建設されたと思われる建物で、日本の伝統的な木造技術と欧米から輸入された先端技術が融合した和洋折衷の様式になっている。

洋風の意匠は、明治維新以降にステータスを担ったデザインであり、縦長窓、漆喰の繰形、軒裏の納まりなどにそれを確認することができる。蚕室内は、蚕を飼う部屋の内部まで、繰形の洋風な仕上げが施されており、蚕自体が重要な位置付けであったことを建物の意匠面からも感じ取れる。構造は、一階を鉄筋コンクリート造、二階を木造にした混構造で、小屋組は柱のない大空間を確保するためにトラス構造（洋小屋）で造られている。深い庇や高い床、そして引違い窓や越屋根などは、日本の伝統的な建築要素と言える。日本建築の良い部分はそのまま採用し、時代を反映させた洋風のデザインと新しい技術を適宜取り込んだユニークな建物である。日野市に現存する数少ない貴重な産業遺産と言えよう。

（上村耕平、酒井 哲）

図2 第1蚕室 外部の特徴

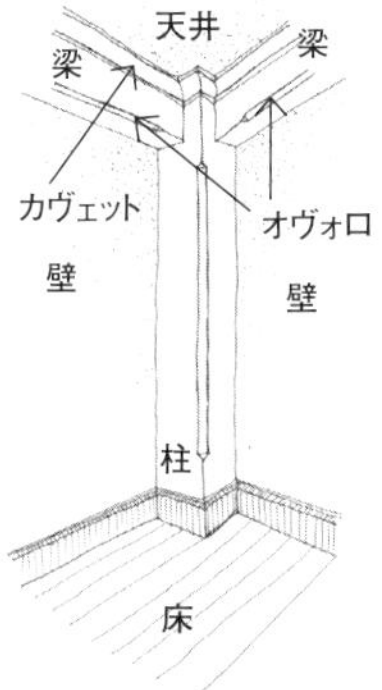

蚕室内部の漆喰装飾

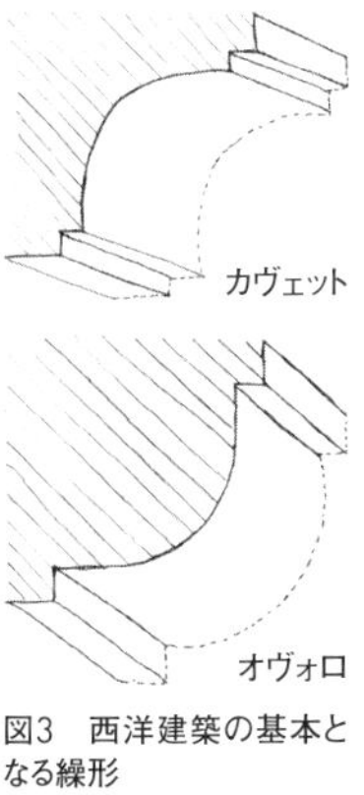

図3 西洋建築の基本となる繰形

写真4 引違いの窓、深い庇と高い床

写真5 菱葺きの屋根と越屋根

写真6 軒裏を平にするための破風板の工夫

写真7 縦長の窓

2 | 18
日野宿再生
蔵・路地・用水路のあるまち

● 蔵

日野宿には、江戸時代から昭和のはじめごろまでに建てられた蔵が現在も数多く残る。蔵の用途は、倉庫としてだけでなく店蔵から事務所用に作られたものまで多様で、仕上げもしっくい、大谷石、人造石などさまざまである。入口も妻入りと平入りがあり、用途や母屋との関係で決まっている。

日野宿で最も目を引く蔵が甲州街道沿いの旧日野銀行であろう。日野銀行は地元の有力者により1883（明治16）年ごろ開業した。この建物は、明治中ごろに建造された。このときは一般的な土蔵造だったが、関東大震災で被害を受け、昭和初期に現在の模擬洋風建築の外観に直された。これは和風の蔵に古典主義様式の玄関廻りの意匠により権威づ

写真1　重厚なつくりが特徴の旧日野銀行

写真2　かつては郵便局だった渡辺家蔵

写真3　昭和初期につくられた大谷石の蔵

けた和洋折衷の独特の重厚な蔵である。仕上げは人造石、屋根は銅板葺きである。歴史を留める建物として今後の利活用が望まれる。

渡辺家の蔵は日野市では初の東京都歴史的建造物である。2010年3月に指定されたばかりである。建てられた時期は、江戸末期から明治はじめと伝えられている。関東大震災の影響を受け、土蔵から大谷石による張石蔵に改修された。

● 用 水 路

甲州街道を挟み、細長い敷地割の先にはそれぞれ東西に用水路が走っている。北側に日野用水下堰が流れ、南側に日野用水上堰がある。いずれの用水も多摩川から取水している。日野で最も流域面積が広く、用水路幅もあり、水量も多

写真4　日野用水上堰。永禄10年ごろに開削された記録が残る。大昌寺付近の暗渠だった用水路は昨年、開渠となった。用水を生かしたまちづくりが進められている。

写真5　精進場・日野用水下堰。2つの用水の合流点で日野の人びとは、ここで禊をして霊山へ参詣したと伝えられている。

写真6　甲州街道と日野用水上堰のある道をつなぐ路地

写真7　路地の先でアイストップとなる地蔵がある

写真8　路地に沿って残る蔵

い。日野宿再生計画でも暗渠化された用水の開渠化なども計画され一部では実施済みである。

● 路 地

宿場町の特徴は細長い敷地割と路地である。日野宿はこの特徴を現在も見ることができる。しかし、都市化により、路地に面した敷地は細分化されはじめている。路地の特徴はその幅員狭さにある。それぞれ植物を植えたり、庭の一部のような路地もあり、かつては子どもたちの遊び場だったことを思い出させる。

● 蔵 の 再 生

甲州街道沿いには、現在もなおかつての宿場町の名残を見ることができる。東京に唯一残る本陣、間口が狭く奥行きの長い敷地割り、路地、蔵、民家そして用水路などである。まちは変ったように思われがちだが、よく見るとあちらこちらに江戸から続く歴史の痕跡が残されている。そして今、蔵の再生の動きがおきている。

写真9　日野駅120周年記念の展示に利用されたギャラリー

写真10　大屋（ギャラリー&カフェ）は旧甲州街道に面する。明治のはじめごろ建てられたといわれる店蔵である。江戸時代から戦前まで万屋、戦後は米の配給所となり、最近まで米屋だった。そして店蔵はギャラリー&カフェとして生まれ変わり、地域のコミュニティカフェとして交流の場となりつつある。大屋は屋号である。

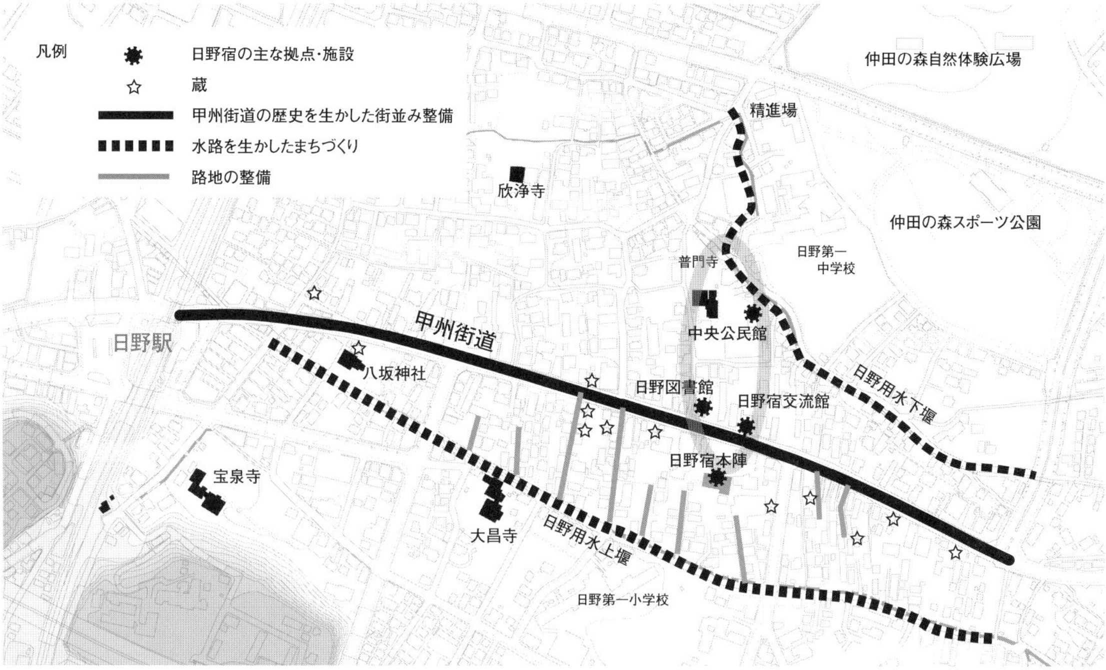

図1　日野宿再生計画（日野市「日野宿通り周辺再生・整備基本計画」平成18年より）

● 日 野 宿 再 生 計 画

日野市は2006年に基本構想「日野いいプラン2010」にもとづき、宿場町だった日野本町周辺の歴史を生かしたまちづくり計画を地域住民とともに策定した。国道20号となる日野バイパス開通に伴い、甲州街道が都道となり車の通行も少なくなることから、地域の活性化のために甲州街道にある日野宿の観光化をめざしたものである。協議会は地元自治会、商店街、旧家まちづくり会議メンバー、公募市民などにより、まちなみ、まちすじ、水・みどりのグループごとにわかれ、まち歩きなどを行ない、活動を進めた。

現在、再生計画にもとづき、大昌寺横の用水路が開渠となり、交流拠点としては日野宿交流館が開設された。市民活動として「日野宿発見隊」が結成され、地域を見直す活動は続けられている。　（長野浩子）

重点整備項目
①蔵や古い建物を地域の宝として保存・活用する
②甲州街道沿いの街並み修景の統一を図る
③甲州街道を歩行者優先の道として見直す
④観光客が回遊できるようなルートを複数設定する
⑤暗渠となっている水路を開渠とする
⑥開渠となっている水路をより水に親しめる水路に整備する
⑦人をひきつける拠点・地域の交流拠点づくりを進める
⑧空き店舗を再利用する
⑨まちづくりの推進体制・管理体制の確立を図る

図2　町並みの再生イメージ

写真11　日野図書館

2 | 19
にぎわいを呼ぶ空間、高幡不動

● 中世城跡と現在の寺社との関係

高幡不動尊は、京王線高幡不動駅南口を出ると、駅ターミナル右手からすぐに参道が延びている。この駅からの境内までの道のりは、通年参詣者で賑わう。重要文化財の仁王門前に立つと、その背後に丘と豊かな緑が目に飛び込む。

この裏山の山頂には、中世城跡がある。史料が残っていないため、多くのことが謎のままである。しかし、山頂には本丸跡や馬上跡といった当時の痕跡が残されており、地理・地形からも古くから重要な場所であったことがうかがえる。不動堂は、山上にあったが、1335（建武2）年の台風で倒壊した。その後の1342（康元元）年に、現在地に再建された。

写真1　裏山から見た五重塔

写真2　ござれ市風景

写真3　東側より望む五重塔と不動堂

図1　高幡不動堂「江戸名所図会」

写真4　境内を見た参道

境内には城跡へと登る道がいくつもある。多数の石像が配される山内八十八ヶ所は、四国八十八ヶ所霊場の写しである。1月の初不動や2月の節分、4月の花祭りなど季節ごとの行事だけでなく、毎月28日はお不動様の縁日、第3日曜日は骨董市の「ござれ市」などの行事がある。6月には有名なあじさい祭りがあり、あじさいを見ながら巡拝することができる。

11月には、高幡不動尊ではろうそくを奉納する「万燈会」が開かれる。同じ日にも参道一面にろうそくを灯す「たかはたもみじ灯路」が行われ、毎年多くの参拝客で賑わう。このように現代では、中世城跡を含めた境内の空間、参道を上手く利用し、賑わいを集めている。

（横山友里）

図2　境内散策マップ

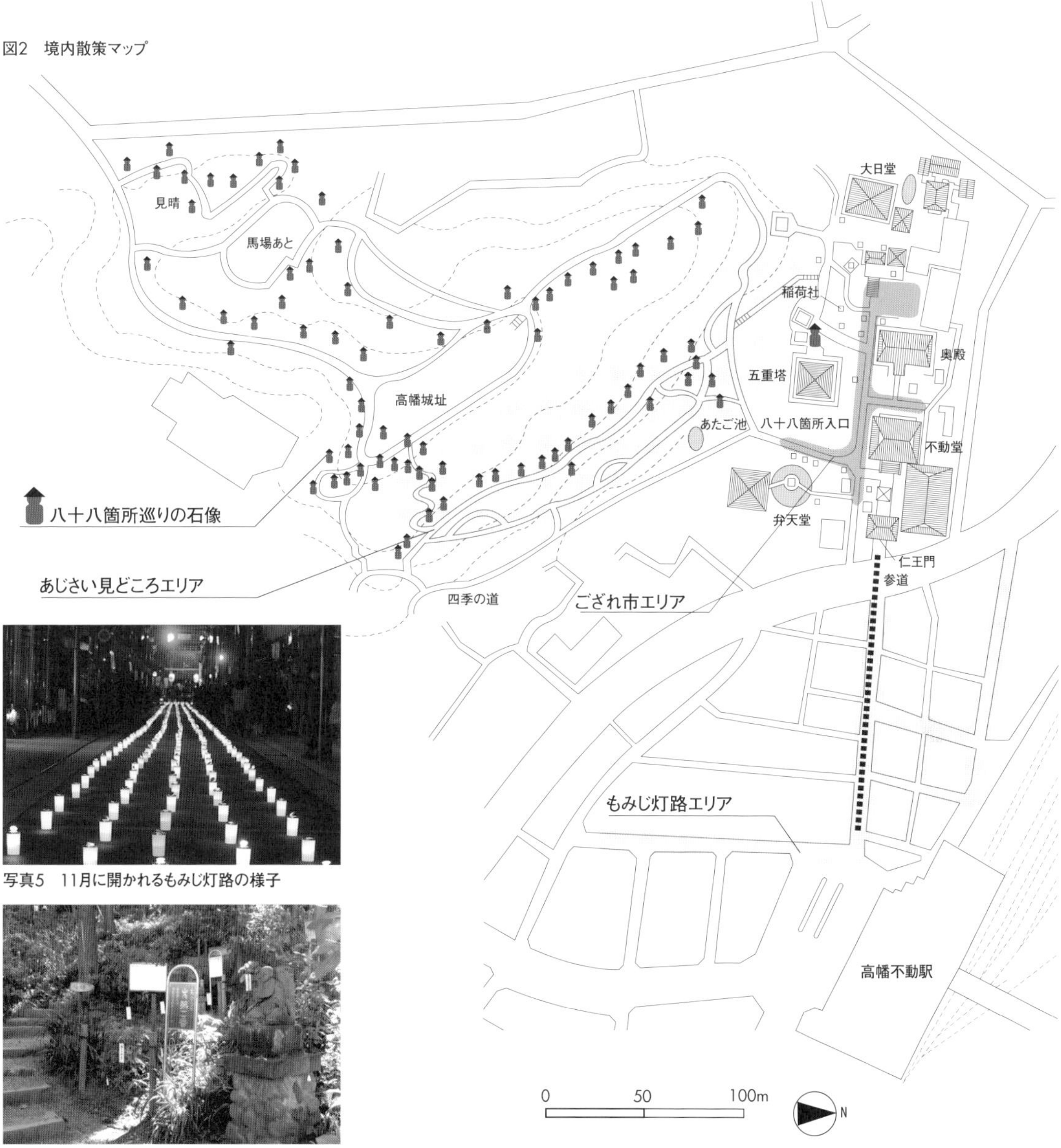

写真5　11月に開かれるもみじ灯路の様子

写真6　八十八箇所巡りの石像

2｜20
描かれた日野の風景

● 村絵図に見る日野の風景

・地域を俯瞰する力——土地固有の景観要素

それぞれの土地の風景は地形、川や田畑、木々や草花に人びとの日々の生活が重なり、さまざまにかたちづくられる。水の郷・日野の風景は大まかに見て浅川の右岸と左岸で異なる。前者は、幾筋にも枝分かれした中小の尾根と谷戸がつくる“入り子構造”の小流域の景観を特徴とする。後者は、豊田崖線で区分された台地とハケ下に広がる低地で違いを見せる。これら自然条件と歴史的条件が織りなす景観要素に加え、遠景や中景の違いが土地固有の風景の骨格をつくる。

・村絵図が見せる風景の骨格

日野市には江戸時代に作成された村絵図が多く残る。

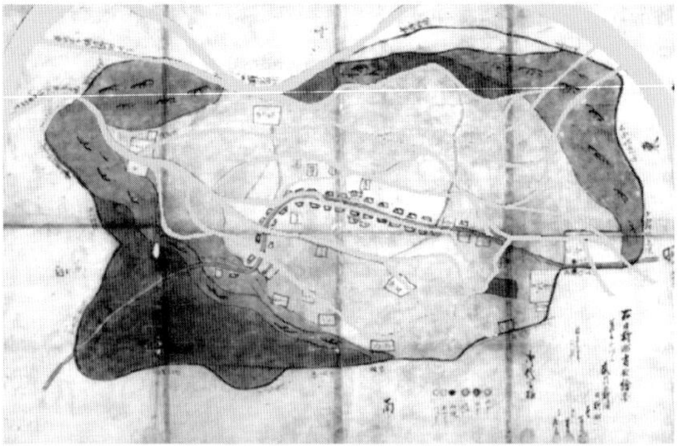

図1　「日野町有形絵図」（佐藤信行）1684年に描かれた町絵図で甲州街道に沿って宿場の家々が配されている。また多摩川の上流部（図の左上）から取水した用水が崖線下を通り、網目状に町内を流れ水田を潤している様子が見て取れる。

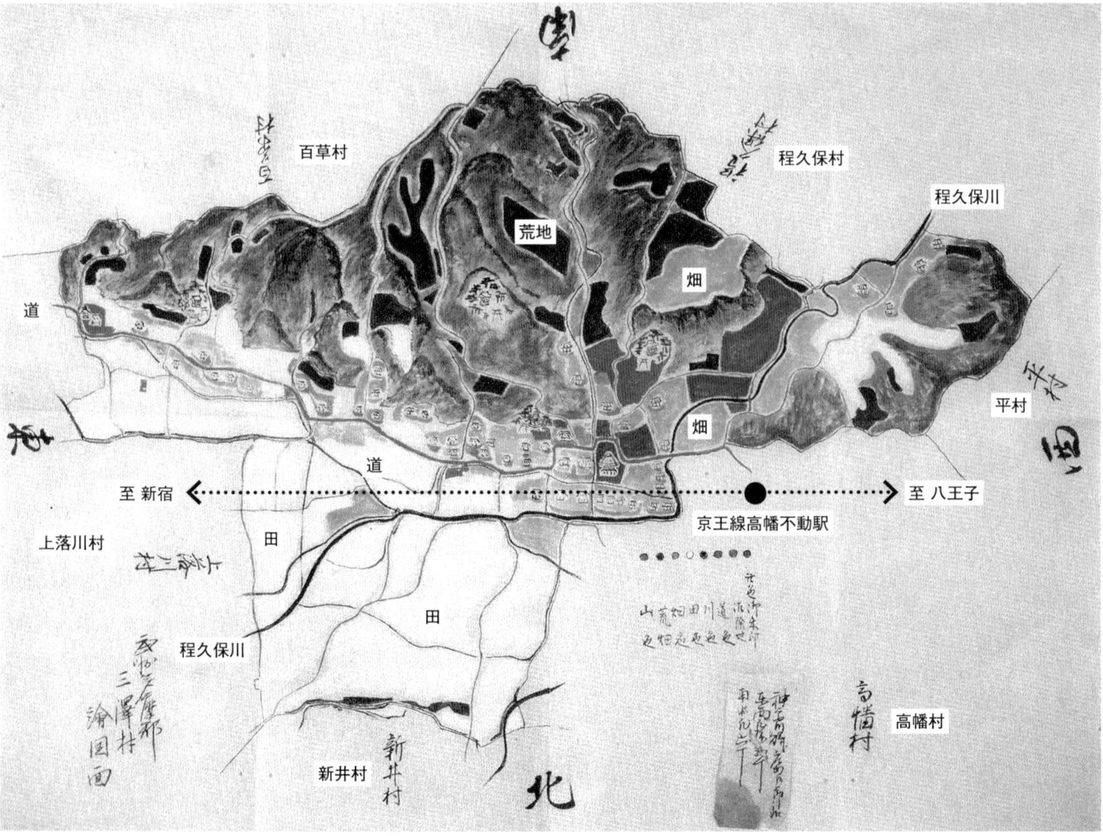

図2　「三沢村絵図」（土方豊家）。多摩丘陵の尾根筋から水を集め、道から左下に流れる程久保川に沿って農村集落が立地。

絵図からは村の地勢を端的に表し、村人の日々の暮らしや営みがうかがえる。図2は浅川右岸の三沢村の絵図である。地域を俯瞰する絵師の眼力は見事で、多摩丘陵がつくる小流域に成立した村の特徴が一望できる。

図には朱印地や除地、道・川・田・畑地や山地の区分が示され、土地柄を鮮明に浮き立たせる。右上上部より左下方向に程久保川が流れ、水系に沿って描かれた農地と集落の様子から、水辺に生きる人びとの息遣いが読み取れる。1868（明治元）年に明治政府が各村に提出を命じた付け紙に「神奈川県差出候控」とあるから、幕末頃の景観さながら今日の姿とも重なる。

● 日野ゆかりの画家たちが描いた風景画

〈風景の捉え方〉

画家の眼を通して描かれた風景画は先に示した村絵図の絵師と同様、それぞれの特徴を端的にとらえる。研ぎ澄まされた画家の鋭い感性が「風景の骨格」を鮮明に照射し、重要な景観要素を的確に描写する。それぞれの土地の生い立ちや成り立ちが読み取れ、画題とモチーフに照らし物語が複合的に活写されるからであろう。

〈日野ゆかりの四人の画家たち〉

倉田三郎、伊藤和夫と禎兄弟、そして出水操が描いた日野の風景画から水辺都市の特徴を見てみよう。なお、伊藤兄弟は今でも多くの農地や樹林地が見られる川辺堀之内生まれで、多くの田園風景を描いている（図4、5、8）。

〈浅川左岸と低地部の風景、その骨格〉

半世紀にわたり多摩～武蔵野の風景を描いてきた倉田三郎は1933年に「日野の用水」（図3）と題した素描淡彩の作品を残している。『多摩を描いて』に「日野町を通って高幡の方に行くあたりの右手の田圃の中に用水があった。当時とすれば変哲もない風景だった」と記している。一方、伊藤禎が学生のころに身近な風景を描いている。図4は遠景に崖線、中景に屋敷林、手前に水路や田畑を配したが、この構図は後の作品である図5にも多用されている。出水操が描いた「水温む」（図6）と共通して言えることは、正面遠景に崖線または微高地となる里山、自噴する湧水を集め、用水路をつくり清涼感のある豊かな田園、つまり昨今注目されている文化的景観を描いている点である。それは、日野を代表する風景モデルといえる。

〈浅川がつくる両岸の風景〉

倉田三郎は30年前に浅川の上流より豊田崖線を眺め「浅川沿い」（図7）を残し、「浅川のふちに出て土堤を歩いて三脚を据えて川を隔て前側の台地（崖線か）から下流に目を移す」と述べている。また伊藤禎の長兄伊藤和夫は浅川を挟み高幡方面を遠望した作品を描き、実弟稔の近著『浅川の畔から』の表紙を飾っている。

図3　倉田三郎の〈日野の用水〉（1933年）

図4　伊藤禎が描いた〈川辺堀之内〉（1943年）

図5　伊藤禎が描いた自宅近辺風景（1948年）

図6　出水操「水温む」

図7　倉田三郎「浅川沿い」（1979年）

図8　伊藤和夫「高幡方面を望む」（1998年）

● 日野田園風景の特徴

〈揺らぐ景を守ろう〉

用水は大小のさまざまな地形、低地内にかたちづくられた自然堤防などの微細な地形の変化を巧みに利用して用水路網を巡らせている。そのため用水は地形に合わせて変化、その変化する形態が地形と共鳴して柔らかな風景を創り上げてきた。しかし、開発の波はこのような特性を許容しようとしていない。部分的に歴史は危うくも保たれているが、それが維持される保証はない。新しいまちづくりの観点が求められる所以である。

〈地形の景を生かそう〉

日野の原風景は、低地に水田、用水路網が、微高地に集落が、崖線（斜面地）に緑が、その上の台地に畑地が、さらに水田の向こうには多摩丘陵地の山並みが見渡せ、多摩川、浅川の二つの流れがこれらを支えている優れた田園風景であった。しかし、集落部の密集化、台地や低地の宅地化は、次第にこのような特性を失いすべてが市街地として連担しつつある。それでも目を凝らせば、すべてが改変し

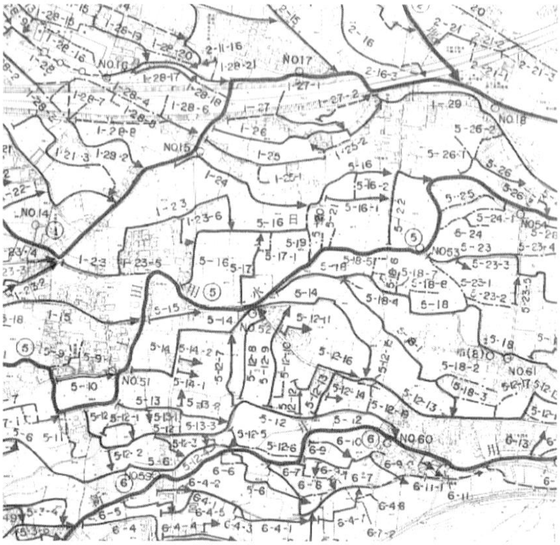

図9　用水路網図（1981（昭和56）年当時）

写真1　崖線の緑と里道

写真2　揺らぐ用水路

写真3　用水に面する洗い場

てしまったわけではない。今こそ、断片化してしまった原風景を繋ぐ景の保全・再生を進めていく必要がある。

〈生活の景を復元しよう〉

用水は水田への灌漑だけの機能だけではない。かつては水車が回り、洗い場もつくられた。夏にはホタルが乱舞し、土手には花が咲き乱れ、水鳥や昆虫が飛来し、魚が泳ぎ回っていた。用水沿いの農家は門や塀や垣根を巡らした。水辺が創る生活の景である。用水保全には、これらを含む用水概念こそ必要である。水車や洗い場や土手などの復元は用水の持続性を確保する大切な手だてである。

● 日野の風景の普遍性

多摩川を挟む両岸の風景は地形により明らかに異なるが、類似点も少なくない。日野の風景モデルといえる奥多摩の山並みや富士を遠景とした台地の風景のほか、浅川左岸の低地に見られる「崖線～湧水～用水（川）と農地」は、武蔵野台地や立川段丘でも見ることができる。つまり国分寺崖線と野川であり、立川南部から国立の谷保地域に見られる青柳崖線と府中用水に通底する。

洋画家の児島善三郎（1893～1962）が描いた国分寺崖線の風景画は、当時の郊外の風景を知ることのできる貴重な作品である。

図10　「青田 立秋」（1950年）／崖線～用水が育む田畑や生きもの

彼の作品の多くは空の雲と崖線の緑が沸き立つように描かれている。何よりも豊かな実りをもたらしてくれる瑞々しい田畑の息吹が照射されている。共通して“緑のダム”（崖線）から発した用水に沿って耕された農地が画面一杯に展開される。この土地に移り住んだ理由は戦禍を逃れる単なる疎開ではなかったのであろう。大地の実り、水と緑が私たちにもたらすさまざまな恵みをもたらす田園を享受し、それがつくる文化的景観を描くことであったのではなかろうか。

（高橋賢一）

仲田の森で得た財産

佐伯直俊
（自然体験広場の緑を愛する会、カメラマン）

日野駅から歩いて数分の多摩川のほとりに「自然体験広場」があります。人の手で更地にされ、30年余で大地から再生した森です。そこに「ふれあいホール」という体育館が計画されたのを知ってから、その森の良さを伝える活動を4年ほど行っています。住宅地に残された森の重要性を伝えるために最初に考えたのは、天然記念物や絶滅危惧種のような貴重種を探すことでした。しかし知識ある人に見てもらっても、そのような動植物・鳥・昆虫は見つかりませんでした（後に絶滅危惧Ⅱ類のヤマトタマムシが見つかった）。そのような状況で、森の何が大切かの本質を考える必要に迫られました。数十年先の日野を考えたときどうなっているか?そう考えたとき、我々の住む身近に緑があることそのものが貴重で重要なのだと認識したのでした。

この活動ではじめて行ったのは、緑の保存を訴える署名を集めることでした。提出も終わり、「もうやるべきことはやった」と諦めともつかぬことを思う度に、誰かが声をかけて励ましてくれて、一つ一つ積み重ねる作業をしてきました。そうやってこの4年が過ぎ、多くの方々とご縁が生まれました。

住宅地にある仲田の森は、人が深く関わらなければ人と自然の良好な関係が成り立ちません。森を育てるには人のつながりが必要です。「自然保護運動」には留意しなくてはならないワナがあります。それは「正しい」と考えることを本人も気づかないまま他人に押し付けて本来の活動を不毛なものにしてしまうことです。それを避けるには、人と人のつながりの中で気づくしかありません。この四年でそのような大切なつながりが生まれ、いつのまにか森は人を育む場所になっていました。そして近年は育児支援団体もこの地を活用して、まさに人を育てる舞台となっています。身近な緑を育てるには人が必要です。その輪を今以上に広げていきたいと思います。

水の郷コラム

私の原風景

村岡明代
（日野の自然を守る会、どんぐりクラブ）

私は、幼少より約20年間、日野で育ちました。途中、10年ほど日野を離れておりましたが、現在はふたたび日野に暮らしております。私の原風景は、日野で育った子供時代に形作られたことは間違いありません。中でも、豊田に住み第二小学校に通っていた小学生の頃の体験が、今の私の人格形成や価値観に大きな影響を及ぼしているはずです。お気に入りの場所だった中央図書館裏のわき水。用水路や田んぼで遊んだこと。学校で田植えをしたこと。課外授業でよく浅川に行ったこと。子供の頃の思い出の風景には、いつでも水と緑があります。

この「水と緑」が実は農業によって支えられていた、ということは、子どもの頃にはあまり意識していませんでした。そのことを痛切に感じたのは、しばらく日野を離れていた時期、久しぶりに実家に戻り、昔遊んでいた場所を見に行ったときのことです。子供のころに遊んだ田んぼや畑、用水路などがすっかりなくなって、道路や住宅地となっていたのに愕然としました。

それでも、日野にはまだ水田も畑も残っていますし、用水路や湧水といった水環境も豊かな方ではないでしょうか。私自身も、日野にふたたび戻ってきてからは、ご縁があって援農という形で農地を維持するお手伝いをさせていただいています。今の時代に、地元で農作業に携われるというのは恵まれていると思います。欲を言えば、もともと水田だった所は水田を復活させたいという思いがありますが、現実にはなかなか難しいようです。道路や宅地開発、区画整理、相続でなくなっていく農地や山林……心配の種は尽きませんが、ふるさと・日野の水と緑、農のある風景が、次世代に引き継がれていくことを願っています。

水の郷コラム

気づきはじめた自然への興味

蜂屋恵実
（日野の自然を守る会、どんぐりクラブ）

日野の自然を守る会に入会して、4年ほど。いまだに、観察会に参加したり、会誌の発行のお手伝いをしたりしていることが何だか不思議です。というのも、私は植物や虫に特別興味があった訳でもなく、自然を身近に感じるような生活をしていなかったからです。育ったのは日野の住宅地、祖父母も日野に住んでいるので田舎もありません。子どもの頃を振り返っても、自然の中で遊んだ経験は少ない気がします。雑木林も、田んぼや畑も、身近なものではありませんでした。

会に入ってからは、少しずつ自然への興味がわき、「面白いなぁ」「不思議だなぁ」と感じることが多くなりました。今まで目に入らなかったもの、聴こえなかった音に気付くようになりました。先輩方はもちろん、子ども達からも教わり、考えることが増えました。そういえば小学生の頃のサツマイモ掘りや田植え体験、結構好きだったな、なんてことも思い出しました。

相変わらず知識はありませんし、“自然を守る”というのも正直ピンときません。それでも、身近な自然に興味を持ち、気付き、楽しむことから始めたいなと思います。

3章
水の郷を支える人たち

日野駅
日野宿
八坂神社
日野宿本陣
八坂祭
仲田の森
多摩川

3 | 1

地域が育んだ進取の気性

● 日野出身の新撰組隊士と自由民権運動家

幕末から明治期にかけての日野地域は、進取の気性に富み、国政に目覚め政治に関わる人びとを多く輩出したところであった。

まず幕末期には、動乱の京都に赴き新撰組隊士としてその治安の維持に努めた石田村出身の土方歳三や日野宿出身の井上源三郎などをはじめ、彼ら新撰組隊士の京都での活躍を支援しながら地域社会の発展に寄与していた日野宿名主の佐藤彦五郎などがいた。彼らはまさに幕末期の日野を代表し、進取の気性をもって活躍した人物であった。

また1877（明治10）年代に至ると、国会開設などを求める自由民権運動が活発化し、日野市域からは1883（明治16）年までに日野宿の日野義順、高木吉造、高幡村の森久保作蔵、三沢村の土方啓次郎、落川村の五十子敬斎など22名が自由党に入党している。彼らのうち数名は「政談講演会」の発起人となり日野宿で講演会を開催し政治的活動に積極的に関わっていた。

このように日野地域では、幕末から明治中期にかけて国政に関心を寄せ、地域社会の発展に貢献するする人びとを世に送り出していた。

● 豊かな農村と宿場のある風景

新撰組隊士や自由民権運動家を輩出させた日野地域の村落環境について江戸～明治期に遡ってみていくと、次のようなことがわかる。

江戸時代後期の日野地域には19の村があった。その特徴をみていくと、大半の村は多摩川と浅川の流域に位置し、湧き水に恵まれ、随所に用水が引かれていたこともあり、水田の占める割合が高かった日野地域は当時「多摩の米蔵」と呼ばれ豊かな農村地帯を形成していた。村域の長さが1里（約4km）以上あり、家数が50軒を越える村落は4カ村に過ぎず、大半は小規模な村で農民の住居は村内に散在していた。また江戸日本橋からの距離は10里（約40km）で、江戸の周辺農村として江戸と深い関わりを持ち、経済的にも強く結ばれていった。これが日野地域の農村の姿であった。

そのような中にあって、土方歳三が出た石田村は多摩川と浅川との合流地点に位置し、163石余の村高を有し、村の支配は江戸時代はじめより幕府代官によって行われる幕領であった。村域は東西約5町（約545m）、南北7～8町（約

写真1　佐藤彦五郎

写真2　土方歳三

写真3　日野義順

763〜872m)、家数は14軒という小さな村であった。村内の南北にそれぞれ一つの用水が流れ、耕地は畑よりも水田が多いという日野地域特有の村落であった。

一方、井上源三郎などが出た日野本郷も、江戸時代初期より幕領であった。村高2345石余で村域は東西1里半(約6km)、南北20町(約2.2km)余あり、甲州街道の宿場でもあった。民家は450軒余で、日野地域の中でも唯一、町場を形成した。街道に沿って本陣1軒、脇本陣1軒、旅籠屋20軒などの家並が続き、人と文物の往来によって江戸をはじめ各地から情報がもたらされていた。村内には多摩川から引き込んだ二つの用水が流れ、耕地は畑よりも水田が多かった。

このように新撰組や自由民権運動に参加して活躍した人びとを生み出した日野地域は、豊かな水と土地によって特徴ある農村地帯を形成しており、彼らの進取の気性はそのような風土の中で培われてきたものであった。(馬場憲一)

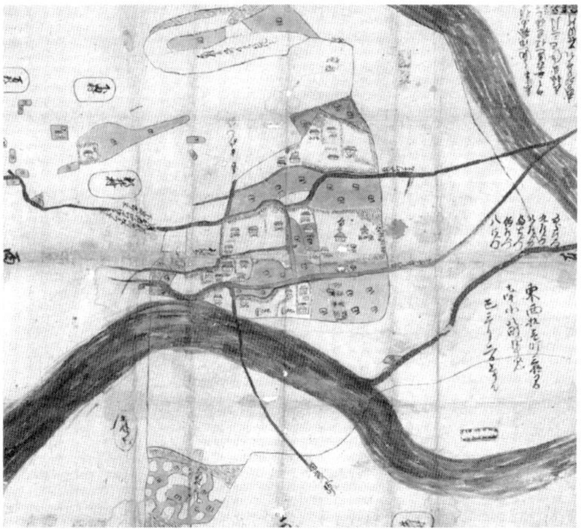

図1 石田村絵図(元禄2年)

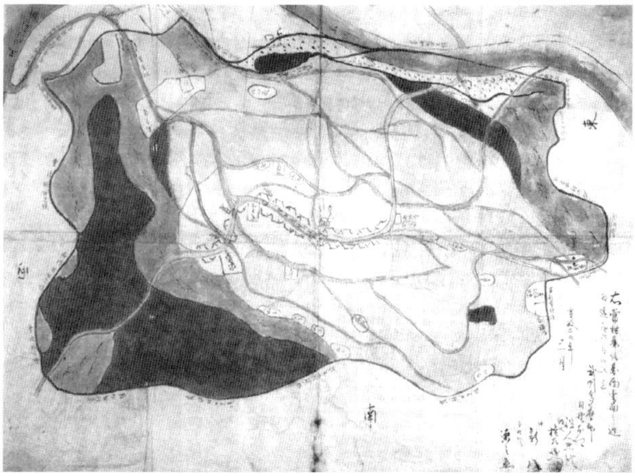

図2 日野本郷絵図(寛政2年)

図3 「調布玉川惣畫圖」(日野宿・石田村遠景)

3 | 2
用水路の維持

● 用水路の変遷

日野の中心的産業が農業であった頃、用水は多くの人に身近な存在であった。水田の灌漑用だけではなく、用水で洗い物をしたり、魚やシジミを採り、そして用水路は子供たちの遊び場であった。幹線を上堀、支線を下堀といい汚いものは下堀で洗うなど水を汚さないようにつとめていた。素掘りの用水には浄化作用もあり、きれいな水が流れていたという。

日野市内には14本ほどの用水路がある。水田の減少に伴い用水路もすくなくなってはいるが、総延長は現在でも100kmを越える。幹線や主な支線は灌漑期だけでなく年間を通し水が流れている。1976（昭和51）年の「公共水域の流水の浄化に関する条例（通称、清流条例）」によるもので、当時は下水道の普及率が低く、用水路に流れ込む家庭排水など雑排水の希釈という目的があった。市街化に伴い、用水は汚れ、人びとの生活から遠ざかり、見えない、そして触れることのない存在となっていった。その後、下水道の整備も進み、徐々に水はきれいになってきた。そして現在、灌漑用としての機能だけでなく、地域の歴史的資産として、景観、環境などさまざまな価値が見出されるようになってきている。

● 用水組合・土地改良区

現在、日野市内の用水組合は統廃合により6つの用水組合がある。それらが堰や水門、用水路の維持管理を行っている（表1）。水引の管理は4月から9月。灌漑期は組合が行ない、それ以外の時期は市が行っている。

用水路の維持管理には受益面積ごとの組合費や放流協力費、橋架け費、また事業者からの賦課金などに加え、市の補助金で賄われている。しかしながら、組合員の減少、高齢化もあり、用水路の維持管理は毎年困難な状況となってきている。

日野用水土地改良区は上堰と下堰に別れ、日野で最も規模が大きい用水組合である。だが、この30年間で組合員数は4割以下、受益面積も半分以下となった。日野市内の用水の8割は、慣行水利権により取水しているが、維持管理の困難さから許可水利への移管の希望も少なくない。

水田がなくなると灌漑の必要がなくなり、用水組合は解散してしまう。だが、用水路を残したいという市民の声も多く、用水路を景観や環境の側面からまちづくりに活かそうという動きがある。その場合、維持管理は行政が行うこととなり、また、市民のかかわりも増えつつある（表2）。

写真1　用水組合による掘りさらいが春と秋に行われる

●「みんなの用水づくり」——用水守制度など

日野市では用水の歴史的、環境的価値を皆で共有するため市民、行政による「みんなの用水づくり」をめざしている。そして2002（平成14）年に身近な用水の清掃などを市民や事業者が行う「用水守制度」を創設した。現在

「用水守」の登録者数は46団体508人である。援農ボランティアも堀さらいに協力したり、用水クリーンデーなど市民が参加する清掃活動がはじまっている。これからも市民の用水路への関わりの増加が望まれる。（長野浩子）

表1　日野市内用水組合（2009年）

組合名	組合員数	幹線水路	受益面積	取水量
日野用水土地改良区	114人	日野用水下堰・日野用水上堰	20ha	2.31m^3/s（慣行）
豊田堀之内用水組合	68人	豊田用水	5.3ha	1.0m^3/s（慣行）
七生西部連合用水組合	24人	平山用水・川北用水・上村用水	5.69ha	平山1.5m^3/s（慣行） 川北0.36m^3/s（許可）
向島用水組合	14人	向島用水	2.32ha	0.5m^3/s（慣行）
上田用水組合	12人	上田用水	2.0ha	0.29m^3/s（許可）
七生東部連合用水組合	三沢、百草・落川28人	高幡用水・落川用水	0.64ha	高幡0.63m^3/s（慣行）
新井用水組合（解散）		新井用水		0.19m^3/s（慣行） 豊田用水・上田用水の残水
南平用水組合（解散）		南平用水		平山用水の残水

表2　用水路の維持管理状況

用水組合・土地改良区		・春と秋の堀浚い・藻刈 ・取水堰、水門の管理（水量調整・監視・ゴミ撤去） ・用水路の堰・セギ板の管理 ・用水路の監視・維持補修など
日野市	日野市環境共生部 緑と清流課水路清流係	・取水堰、水路の改良、維持補修 ・導水提の維持補修 ・水路の占用許可、占用料徴収、放流許可 ・水質浄化のための監視、指導、作業（クリーンデーなど） ・年間通水確保のための業務 ・用水守制度に関する業務（PR、登録、保険業務） ・水路のPR、啓蒙活動
	日野市まちづくり部 産業振興課農産係	・土地改良区の事務局・会計 ・連合用水組合事務局
市民・市民団体・事業者		・用水守制度への参加 ・クリーンデーなど清掃活動への参加 ・水質浄化活動（石けん運動など） ・計画づくりへの参加など

写真2　豊田用水では援農ボランティアの方たちが掘りさらいを手伝う

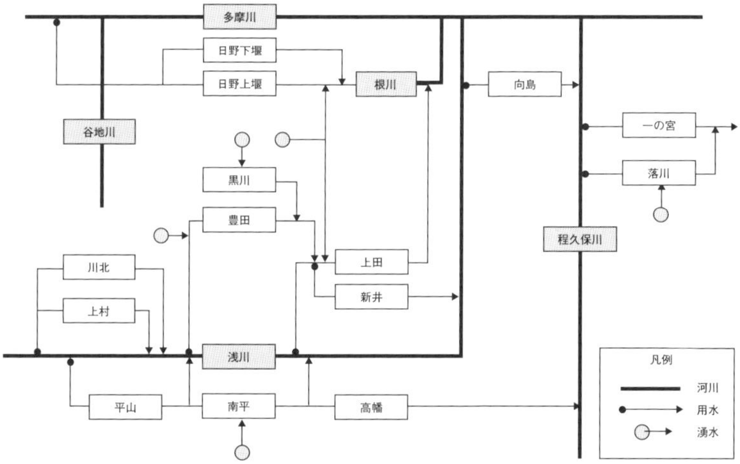

図1　日野市の用水路模式図

写真3　日野用水のクリーンデーには学生も参加している

3 | 3
歴史ある日野の祭

● 引き継がれる八坂神輿祭の歴史

2009年9月20日に日野八坂神社例大祭が行われた。祭は全体で3日間。19日が宵宮、20日が宮神輿の出る本祭、21日が神輿パレードという日程だ。今年は敬老の日やお彼岸で、会社などの休み休みが重なり、多くの人で日野宿が賑わった。

本来は五穀豊穣を願い、1880（明治13）年から続く由緒ある祭である。重さ千貫と言われる「千貫みこし」は、平均70～80人の担ぎ手によって日野市を渡御する。ここでは祭の特徴を少しでも解説できたらと思う。

● 本祭の様子

まず、八坂神社にて神事、式典の御霊入れが行われる。それから宮出し、日野市中を渡御。戻ってきて宮入りし、最後に御霊返しをして締め括られる。祭の中で一番盛り上がりを見せるのは宮入り、宮出しの時だ。さらに神輿を中心に長い行列を作って皆で声を合わせて渡御する場面も大きな見所の一つだ。そこではさまざまな由来のある、古い祭ならではの所作を見ることができる。

渡御は東と西の二つのルートを一年交互に巡回する。今年は八坂神社を出て東に回るルートで、甲州街道沿いに万願寺の方まで行って帰ってくるコースをとる。神輿のルートは、自治会の代表者の家の前に御旅所を設けていき、それらを結ぶ形で決まる。また基本的に御旅所では町内から町内へ神輿が移動するときに「町内渡し」が行われる。神の宿った神輿を自治会単位でリレーしていくのである。

御旅所には4本の竹で囲まれた領域があり、そこが結界とされる。御旅所に神輿が置かれ、この領域のなかで、宮司がお祈りや、お祓いなどを行う。輿が回るところには注連縄が吊らされ、幣束と呼ばれる紙をぶら下げる。これは神輿の通る

写真1　観衆が取り巻く神輿

道を清めるためとも言われる。その清められたルートを通ってまた八坂神社に戻ってくる。

こうして清められたルートを、高張提灯や露払いを持った子どもたちが先頭に立ち、続いて太鼓、宮司、そして神輿と続く。このスタイルが今でも見られるのが面白い。

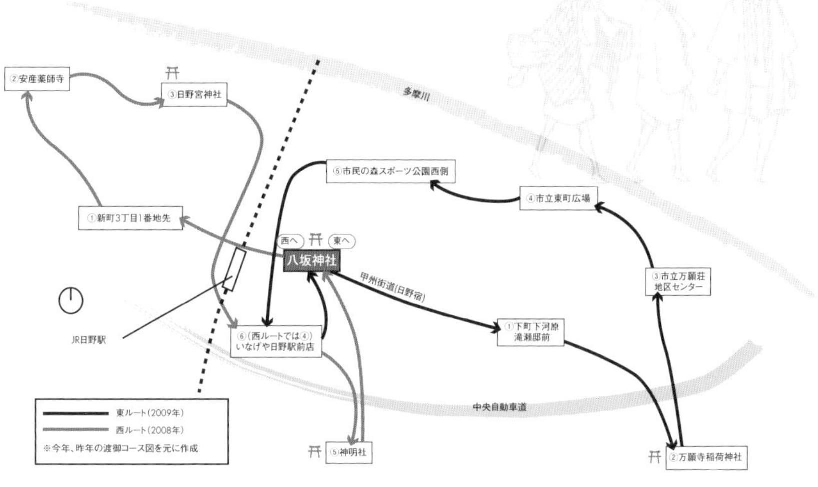

図1　東と西に分かれる神輿ルート

● 八坂神社、自治会、そして八坂神輿愛好会

明治の頃からずっと今の渡御のスタイルが続いてきたわけではない。八坂神輿愛好会の方たちの努力で神輿が34年前に復活した。そして、担ぎ手は年々増えている。八坂のようなお祭りを伝えていきたいという熱い思いが渡御中にも感じられる。

また八坂神社や愛好会の方たちはもちろん、祭の準備を各自治会の方たちが陰ながら支えているのも忘れてはならない。こうして何十年も継承されてきた祭が、次の世代へと引き継がれていく。そのためにも、マナーとモラルを守って、そして何よりも楽しく参加していけたらと思う。

ちなみに担ぎ手は女性もOKである。自治会の参加は申し込みもかねた半纏合わせが八坂神社の社務所で行われる。自分の自治会と半纏を確かめたうえで参加が可能になる。

（氏家健太郎）

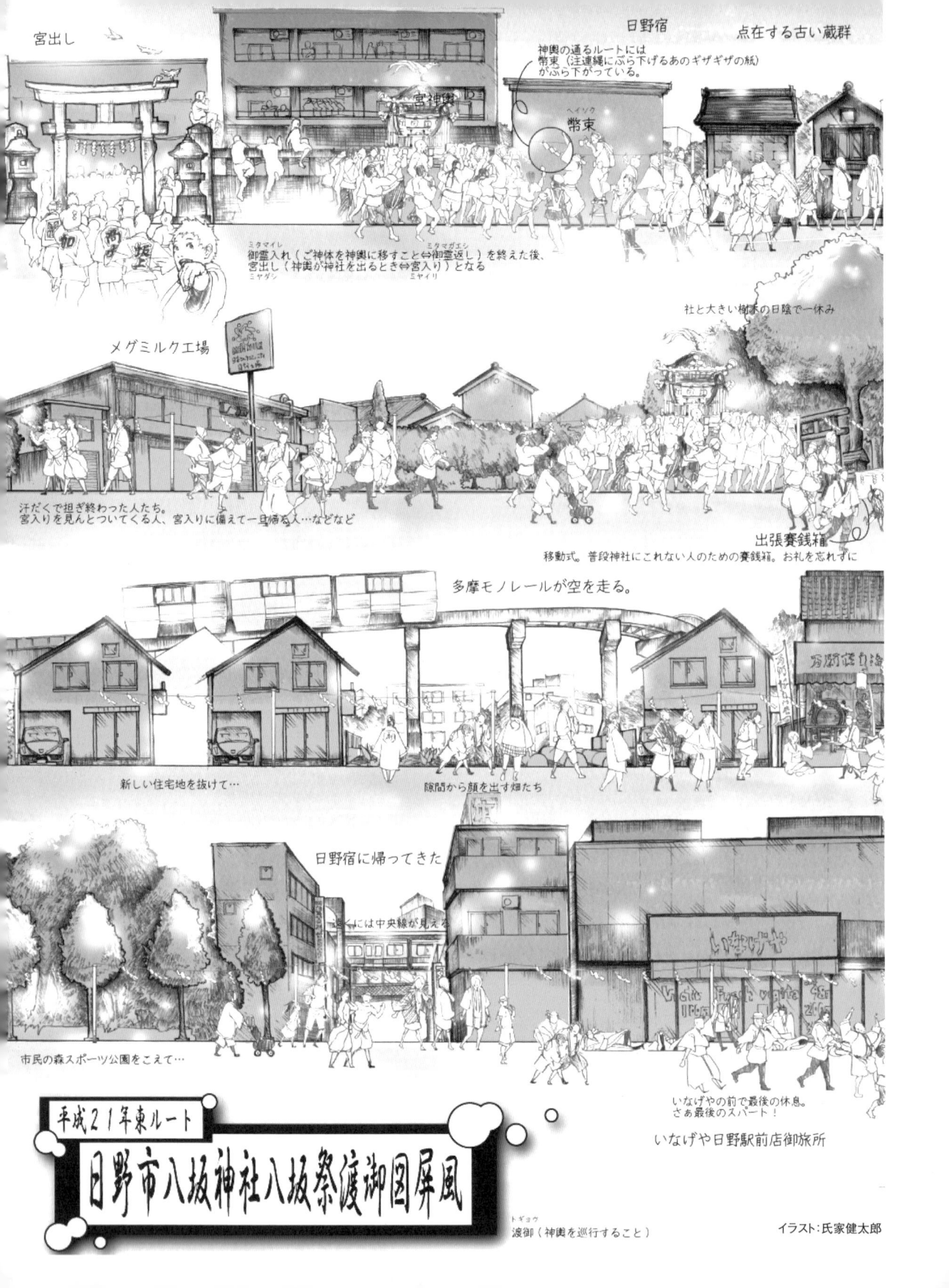

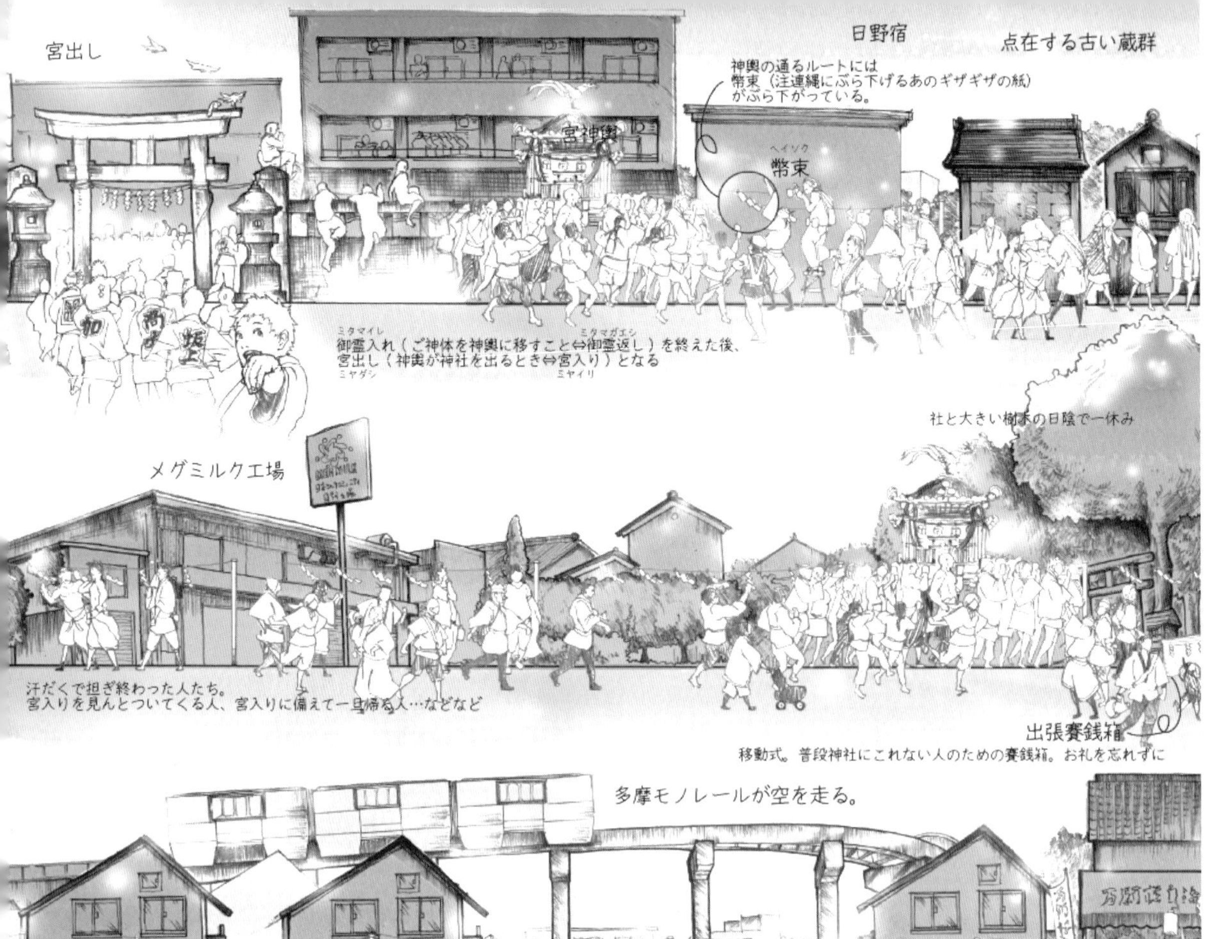

平成21年東ルート

日野市八坂神社八坂祭渡御図屏風

渡御《トギョウ》（神輿を巡行すること）

イラスト：氏家健太郎

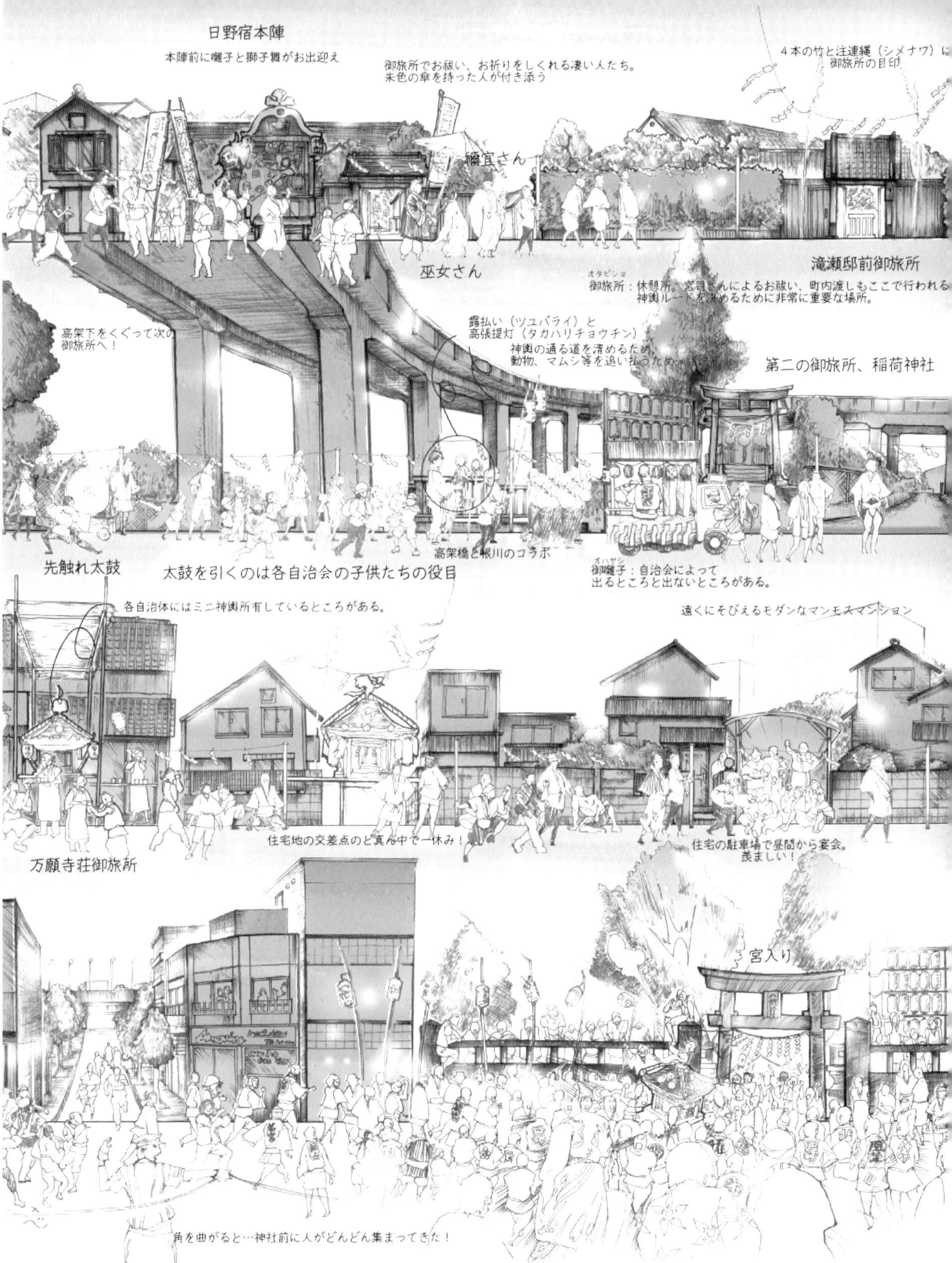
日野宿本陣
本陣前に囃子と獅子舞がお出迎え
御旅所でお祓い、お祈りをしくれる凄い人たち。
朱色の傘を持った人が付き添う
４本の竹と注連縄（シメナワ）に
御旅所の目印
禰宜《ネギ》さん
巫女さん
滝瀬邸前御旅所
御旅所《オタビショ》：休憩所。宮司さんによるお祓い、町内渡しもここで行われる
神輿ルートを決めるために非常に重要な場所。
露払い（ツユバライ）と
高張提灯（タカハリチョウチン）
神輿の通る道を清めるため、
動物、マムシ等を追い払うため
高架下をくぐって次の
御旅所へ！
第二の御旅所、稲荷神社
先触れ太鼓
太鼓を引くのは各自治会の子供たちの役目
高架橋と根川のコラボ
御囃子《オハヤシ》：自治会によって
出るところと出ないところがある。
各自治体にはミニ神輿所有しているところがある。
遠くにそびえるモダンなマンモスマンション
万願寺荘御旅所
住宅地の交差点のど真ん中で一休み！
住宅の駐車場で昼間から宴会。
羨ましい！
宮入り
角を曲がると…神社前に人がどんどん集まってきた！
祭の最後で最大の見せ場！八坂神社前は大混戦！！

3 | 4 | 1
水と緑に触れる活動
水・緑・歴史を守る市民――1

● 市民活動の歴史

のどかな農村地帯であった日野市は、戦後の高度経済成長期に急激な人口増加があった。台地、丘陵地の開発が進み、多くの緑地が失われ、川や用水は汚染された。そのような事態を憂い立ち上がった人の多くは、宅地開発などにより転入してきた住民自身であった。

1972年に設立された「日野の自然を守る会」は現在も会員が200名を超え、観察会を中心に自然保護活動をつづけている。会の発端は1967年に設立された「多摩平の緑を守る会」に遡る。この会は黒川水路の西端のゴミためとなっていた湧水池をきれいにすることから始まった。その後、鳥や昆虫などの研究者をメンバーに加え、活動を広げた「日野の自然を守る会」が発足する。黒川清流公園となっている崖線の保存緑地指定に向けた活動や観察記録の成果として、市から委託を受け「日野の植物ガイドブック」や「日野の昆虫ガイドブック」などの編集を担当した。現在も崖線の保存緑地において下草刈や観察会、生きものや植生調査を行い、毎月会報を発行している。

1980年代になると川や用水の汚染が深刻となり、主婦を中心に水質浄化運動が始まる。日野市消費者運動連絡会などの水質調査や“せっけん使用推進運動”である。日野消連は1987年から16年にわたり、浅川2箇所、豊田用水7箇所計9箇所のポイントで調査をしてきた。浅川勉強会も研究者とともに用水の生態系調査、井戸水調査などを実施した。それぞれの活動には科学的視点が取り入れられてきた。

● 計画づくりへの参加

1990年代からは行政計画づくりへの市民参加が盛んとなる。それは、1992年の市民によるまちづくりマスタープランづくりがきっかけである。80人以上の市民が福祉や環境など総合的計画づくりに参加し、行政に提案した。その流れは、住民の直接請求による環境基本条例の制定、100人ほどの公募市民が計画づくりに参加した1997年の環境基本計画策定、その後も、みどりの基本計画、まちづくりマスタープラン、第4次基本構想・計画などが多くの市民の参加による策定となる。凡そ10年程が経過し、現在それらの計画の見直しが始まっている。しかし、10年前に比べ参加者は少ない。10年前は日野市において、ゴミ問題や多摩平団地建替えに伴う森の問題と、市民の関心が高く、それらに関わる大勢の市民が参加した。直面する問題が解決したことも参加者が少ない要因ではあるが、計画の実行性への疑問も影響している。今後の計画づくりは如何に実行性を担保するかが大きなテーマとなるだろう。

写真1　市民参加による第2次基本計画策定ワーキング

写真2　市民による田んぼの生きもの調査の様子

写真3　雑木林ボランティアによる間伐

● 市民活動の現在

計画づくりにかかわる市民参加の流れの中で、住民主体のまちづくりをめざし「まちづくりフォーラム・ひの」が発足する。2000年半ばから日野市環境市民会議や市民活動団体連絡会や水と緑の日野市民ネットワークなど、NPOの支援や連携を目指した組織が相次いで発足する。長らく日野の市民活動をリードしてきた団体の会員減少の中、市民活動自体は新たな展開に入っているように見られる。

現在、子どもたちへの環境学習支援、崖線や丘陵地の雑木林の維持管理活動が盛んである。雑木林の維持管理は「水と緑の日野市民ネットワーク」が市と協働でボランティア講座を実施し人材を育成、卒業生は「南丘雑木林を愛する会」など雑木林の維持管理を目的とする団体に入り、活動するという流れができつつある。小中学校の環境学習支援組織も環境情報センターが中心となり「どんぐりクラブ」が発足した。

このようにネットワーク型の中間支援的組織ができたことによる波及効果が徐々に生まれつつある。水・緑保全関係団体の平成17年度の活動は、トータルで230回を超える。環境情報センターなどネットワークづくりや中間支援を目的とした組織の体制が整い、機能しつつある。環境情報センターの市民利用も年々増え、平成17年度は前年度比4割増となった。

● 環境保全と郷土史研究

日野市は市民による郷土史研究も盛んである。現在保全されている歴史的遺産は、郷土史研究家やその集まりである「日野史談会」の活動による功績が大きい。それは、区画整理事業により街並みが大きく変わり、歴史的環境や遺構が失われていくことに対し、警鐘を鳴らし、計画の変更や遺構、発掘物の保存を行政に対し働きかけてきたからである。新撰組関連だけでなく遺跡の発掘をはじめ、見学会や勉強会には現在も多くの市民が参加している。日野市郷土資料館も積極的に市民協働プロジェクトにより発掘調査などを行っている。

写真4　日野の自然を守る会「あたろうかあたろうよ」
郷土の詩人巽聖歌の誕生日に行う行事

市民による環境保全活動と郷土史研究は別々に行われる傾向があるが、環境と歴史は密接な関係にある。用水路一つとっても環境的価値の評価だけでなく、日野の数百年の農的営みを残す歴史的遺構であり、そしてそれは現在も形を変え生きている。「日野の自然を守る会」の創設に関わり、長らく「日野史談会」の会長であった郷土史家の田中紀子氏は自然保護活動にも熱心に取り組んだひとりである。高度経済成長期に入るころまでの日野は農業を主な産業とした地域であった。田中氏は、農業の暮らしの営みが環境との共生であり、文化だとして、古老からかつての暮らしや伝統行事を聞き取り、子供たちの遊びの記録や日野の昔話の採取を精力的に行った。また、日野に古代からの歴史的遺産が多いのは地理・地形によるところが大きい。山城を構えやすく、湧水が豊富だったこともその理由のひとつである。日野という地が地理地形を含め、自然環境をベースに歴史が積み重ねられてきたことを知ることは、自分たちもその連続した歴史上にあり、次の世代に繋いでいくために必要なことを教えてくれる。田中氏が郷土史研究だけでなく自然保護活動にも熱心に取り組まれたのは、そのことを深く理解されていたからである。

（長野浩子）

表1　日野市の市民活動団体の系譜

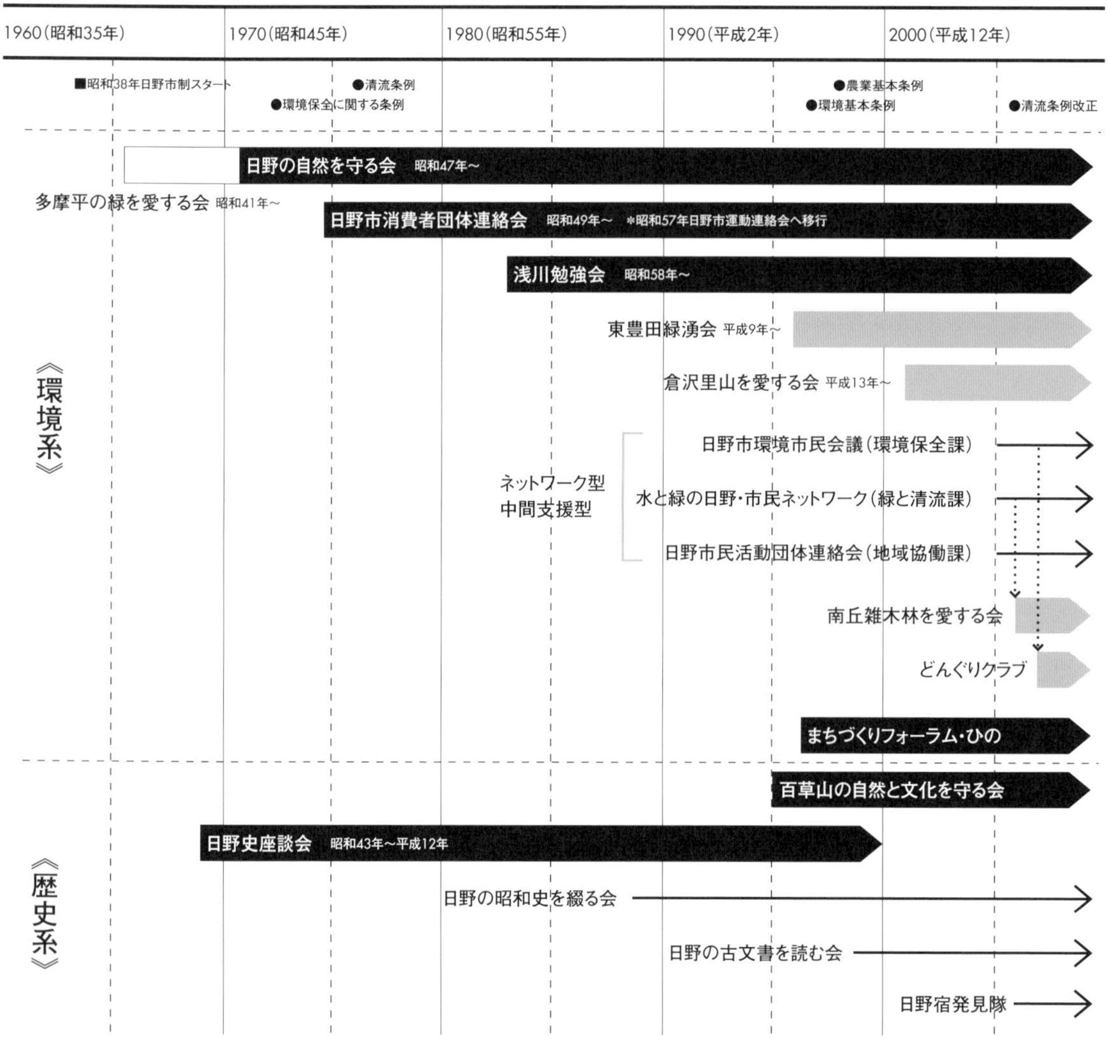

表2　主な市民活動団体の取り組み

2007年度日野市環境基本条例18状に基づく年次報告書、日野市環境白書より

活動団体名	主な活動	会員	活動・イベント開催数（2007年度）
東豊田緑湧会	東豊田緑地保全地域の管理	20人	16
自然の恵みを楽しむ会	都市農業の理解と普及・食農教育	250人	26
黒川湧水を活かす会	湧水池でのわさびの栽培	25人	通年
日野市消費者運動連絡会	ふれあいマップ（市内農産物直売所案内）などの作成	39人	9
日野の自然を守る会	自然を守る運動、調査・研究、啓蒙・普及、観察会、会誌発行	270人	33
水と緑の日野・市民ネットワーク	活動団体の情報共有・連絡、人材育成	14団体	13
まちづくりフォーラム・ひの	まち歩き、会誌発行	10人	2
浅川勉強会	浅川流域の保全活動、意見提言	30人	7
エコ・ネットワーク	地域で環境活動を行う人材育成のための講座開催	26人	16
緑地管理ボランティアの会	東光寺緑地の管理	10人	12
浅川潤徳水辺の楽校推進協議会	浅川や向島用水での水辺体験・学習	潤徳小学校ほか	17
浅川滝川水辺の楽校運営委員会	浅川・ワンドでの水辺体験・学習	滝合小学校ほか	17
南丘雑木林を愛する会	南平丘陵公園の雑木林の管理	20人	16
倉沢里山を愛する会	百草倉沢地区の公有緑地の管理・市民農園の運営	200人	17
日野みどりの推進委員会	自然観察会・学習会	19人	13
百草山の自然と文化財を守る会	百草山の自然管理・中世寺院真慈悲寺跡の遺跡調査と保存	30人	17回以上

市と市民の協働の取組み

・日野産大豆プロジェクト：地元でとれた大豆を市内学校給食で子どもたちに食べてもらうプロジェクト。。学校栄養士、ボランティアが協力して立ち上げた。
・農の学校：農業者の担い手不足を解消するために、援農ボランティアを養成する。2005年度から開講。2007年度は20名が受講。
・ツバメのくるまち事業：ツバメの観察や巣情報をもとにツバメマップ作成。子供達の「ツバメ探偵団」と観察会の開催。
・絶滅危惧種カワラノギクの回復事業：2003年度から始めた河原に生育するカワラノギクを再生する事業。
・公園探検隊：特徴ある公園作りを目指し活動。市内45の公園愛護会のサポート。
・ESD－Hino（持続可能な日野をつくろう!）：福祉、環境、男女共同参画、人権など多様なテーマを繋げ、持続可能なまちづくりをめざす。
・環境市民会議の取り組み：環境基本計画の推進、評価。用水路カルテプロジェクト、水田の調査などを行っている。

環境情報センターの主な取り組み

・子どもへの環境学習：どんぐりクラブと連携し、市内小中学校での環境学習の実施。2007年度は25回開催し、延べ1650人の児童生徒参加。
・みんなの環境セミナー：2007年度は10講座16回開催し、延べ375人参加。
・環境マップの作成：市内動植物の飛来調査・生育調査などの情報収集と公開、学習会開催。
・環境関連市民団体・大学との連携・支援
・環境白書の発行

写真5　環境市民会議水分科会の用水路調査「用水路カルテプロジェクト」

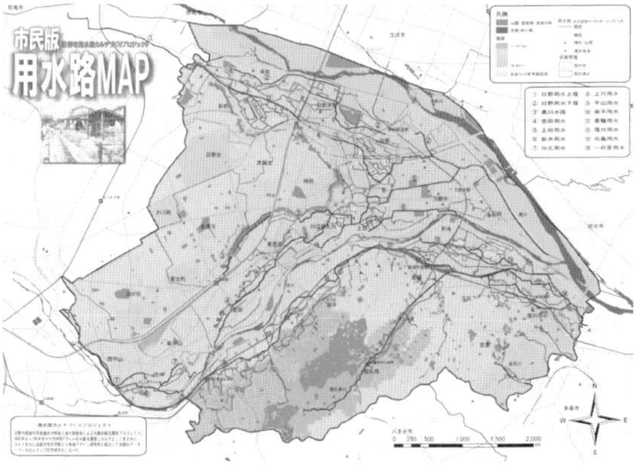

図1　「用水路カルテプロジェクト」でつくられた「市民版用水路マップ」

3 | 4 | 2

日野宿発見隊の活動

水・緑・歴史を守る市民——2

日野駅を中心にまちかどに古い懐かしの写真が飾られているのをよく見かける。日野宿に始まり、新町・栄町、日野用水・今昔、北原・四谷、八坂の祭り今昔とこれまで5 回開催されている。その始まりは2006年の「日野宿発見隊」の結成にある。

「日野宿発見隊」は日野図書館の地域に根ざした「まちの中へ図書館を」スローガンとした活動から生まれた。「本を並べて待っているだけではなく、地元のことを知ろう、地元の人のことを知ろう、と近所の人に呼びかけて結成したのが日野宿発見隊です」と、日野図書館長の渡辺生子さんは語る。地域の住民を中心に皆で考え話し合う中で、日野宿のあゆみを残そうと古い写真の収集が始まり、「まちかど写真館inひの」は生まれた。「日野宿発見隊」の活動は地域住民、発見隊、行政が共に取り組み、地域の支持を得て地域を元気付ける活動になっている。この活動が地域の支持を得たのは写真の持つ可能性にある。写真は当時の風景だけではなく、その中にその当時の人びとの生活や思いを閉じ込めている。その変遷から変るものと変らぬものを見つめ直すことは、皆が何を大事に思い、大切にしてきたか、これからのまちづくりを考えるうえでも大切なことである。日野宿発見隊の活動は、地域の歴史や資源の堀おこしや記録などさまざまに発展させている。図書館からはじまった活動は今、他の市内の図書館にも広がりつつある。

（長野浩子）

写真1　まちかど写真館 in ひの／北原・四谷

写真2　子ども発見隊の「用水であそぼう!」

日野宿発見隊の活動

2006年
日野宿発見隊第1回打合せ
日野宿子ども発見隊まち歩き
まち歩き会

2007年
写真収集開始（広報『ひの』掲載）
まち歩き会（四谷・東光寺）
写真展「日野宿今・昔」（日野宿交流館）
座談会「日野のむかしを語り合おう」
日野宿子ども発見隊「用水であそぼう!」
座談会「日野のむかしを語り合おう」
まち歩き会（山下・仲井・谷戸・宮）

2008年
「なつかしの日野写真展」
まち歩き会（日野の渡しと旧家を訪ねて）
「まちかど写真館 in ひの」オープン
日野宿発見隊子ども横丁開催（大昌寺）
「まちかど写真館 in ひの総集編」開催
「まちかど写真館 in ひの新町・栄町」開催

2009年
写真集「まちかど写真館 in ひの」刊行
「まちかど写真館 in ひの／日野用水今・昔」開催
「まちかど写真館 in ひの／北原・四谷」開催
「まちかど写真館 in ひの／八坂の祭り今・昔」開催
「屋号でたどる日野宿」開催

2010年
日野駅開業120周年記念行事

●地域の歴史の掘りおこし記録

子どもたちは学年を越えて大勢でよく遊んだ。よその家の庭を自由通路として、行動区域を広くして、かくれんぼ、軍艦水雷などで遊んだ。

農作業が行われないときは、農家の庭は子どもたちの遊び場となり、相撲、宝とり、縄跳び、缶けり、ゴムボールの野球などの場となった。

子どもたちは、生垣や茶の木の中にも通路をみつけ往来した。毎日夕方になると太鼓や拍子木をならしやってくる紙芝居屋に、子どもたちは群がった。たまにリヤカーに茶碗やなべなど満載したよろず屋や賑やかなチンドン屋がくることもあった。

子どもたちは通りで馬乗り、竹馬、縄跳び、徒競走などいろいろな遊びができた。

山下堀では、ふなやホタルをとって遊んだ。［文・絵：戸高要］

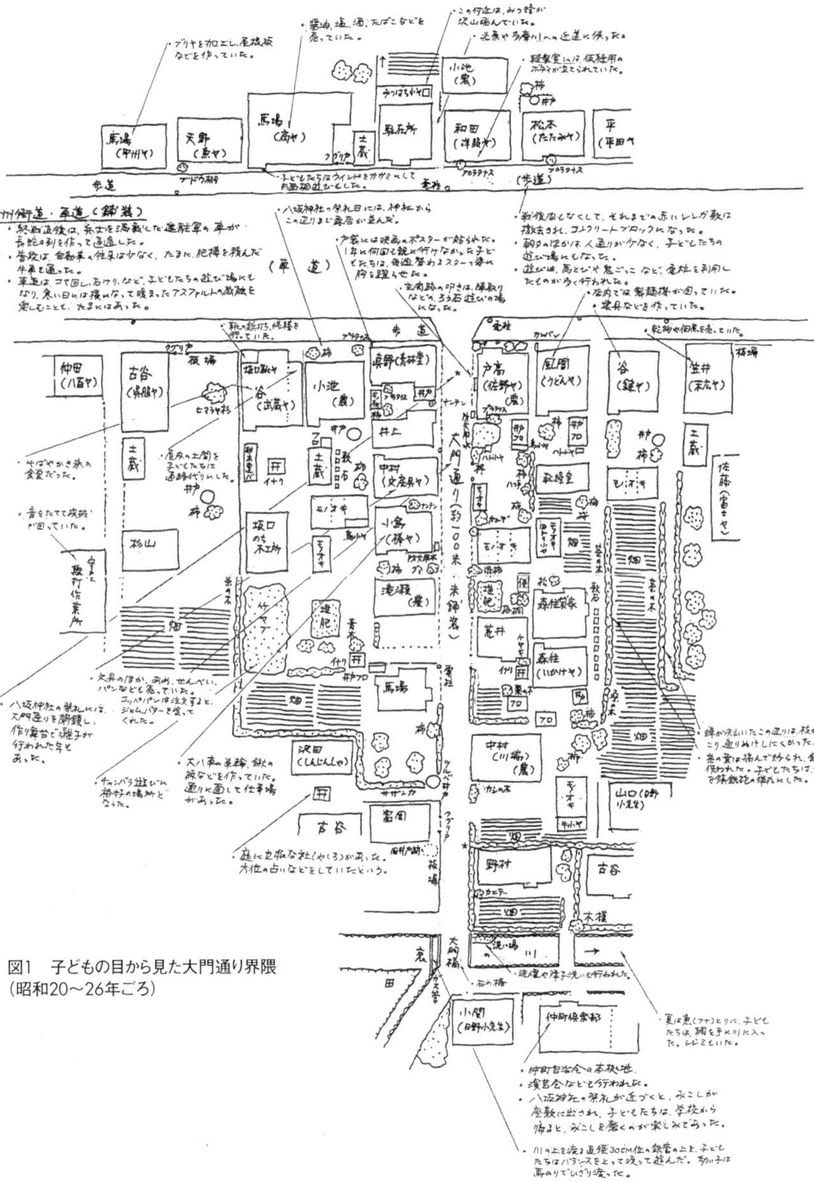

図1　子どもの目から見た大門通り界隈
（昭和20〜26年ごろ）

図2　大門通り／西面

図3　大門通り／東面

3 | 5
水辺に生態系を!
日野市が進める水辺行政

● 向島用水親水路

向島用水は、かつて治水と管理の容易さのために、コンクリート護岸で固められた幅2メートルほどの農業用水であった。この用水路を用水の機能はそのままに、周辺環境や生態系に配慮し、人に潤いと安らぎを与える親水路として再整備した。コンクリート護岸は取り壊し、緩い傾斜の土手や玉石積み護岸に変えた。水際部には木杭や蛇籠・植生ロールを配し、護岸の安定を図るとともに、植生の早期回復と魚類を中心とした水生生物にも配慮した。また、用水に隣接する潤徳小学校の校庭に用水を引き込みトンボ池(ワンド)を作り環境学習の場とした。

〈トンボ池〉

工事が完成し、用水が平常時の水量に戻ると、わずか1ヵ月足らずでトンボ池には、小魚の群れが見られるようになり、その獲物を狙ったカワセミが飛来するようになった。思いもよらぬこの光景は、子どもたちや、ここを散策する人たちに大きな感動を与えている。トンボ池と子供たちが名付けたのも、そのはずで、微妙な生息環境の違いにより、色々なヤゴが生息し、夏になると多くのトンボ飛び交い始めたからである。何よりうれしいことは、子供たちがたま網を持ち、用水で魚とりなどをする原風景が見られるようになったことだ。

写真1 向島用水親水路

写真2 向島用水親水路のトンボ池

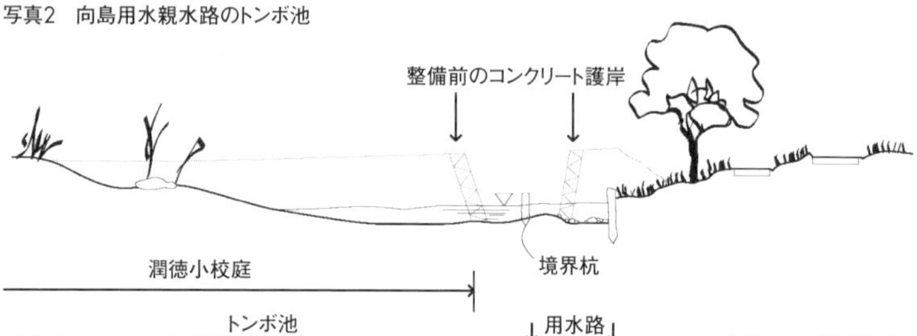

図1 トンボ池断面図

● 河川伝統工法の試み

〈平山用水〉

コンクリートを使わず、法面保護と生物のことを考えると木杭、蛇籠、木工沈床、柳枝工などの伝統工法が、逆に求める物となってくる。法面が急勾配になるため、それぞれの工法の特性やコストを比較した結果、粗朶を利用した柳枝工と玉石積みを採用した。しかし柳枝工だけでは、ヤナギの単一植生になってしまうので、この地に生息している水生植物の植え込みと、水際の安定を図る目的で植生ロールを配置した。夏になるとヤナギの枝もしっかり根付き、護岸としての機能を有し、早くも剪定するようになった。

〈新井用水〉

40～50年前、玉石積み護岸に改修され一定の景観を保っている新井用水は生物が棲みやすい水辺を目指した取り組みの事例である。用水の中に木杭を打ち、粗朶を絡まして土留めをする伝統工法の連柴柵工は、水際の植生を生み、魚などの水生生物の隠れ場所、産卵場、餌場などの提供場所として重要であり、また木杭を蛇行させることによって、近い将来、瀬や淵の出現が可能となってくる。

（笹木延吉）

写真3　平山用水

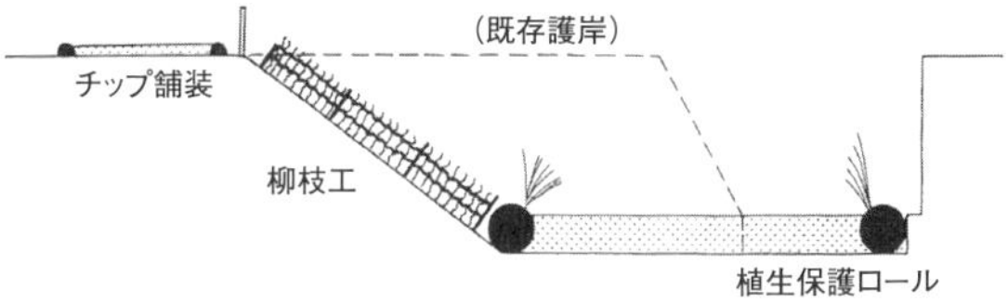

図2　柳の枝で土留めする柳枝工(伝統工法)

写真4　向島用水

写真5　日野用水上堰　よそう森堀

＊ここで取り上げた水辺は「近自然河川工法」と称する方法で築いたものである。自然な川が持つ浸食、運搬、堆積という河川のダイナミズムを許容し、河川の生態系の多様化を考慮して、伝統工法なども取り入れた。コンクリートで護岸するのではなく、生物にやさしく、しかも地域の環境にあった川づくりを行うものである。

3 | 6 | 1

水辺の楽校

環境教育——1

水辺の楽校は、国土交通省によって1996（平成8）年から開始され、「地域の身近な河川を子どもたちの自然体験や学習の場として活用できるように自然の状態を極力残しつつ、必要に応じてアクセス施設や水辺に安全に近づける河川の整備などを行う」ことを目的とするプロジェクトである。2006（平成18）年9月時点、全国で249の水辺の楽校が登録されている。

そもそも水辺の楽校のアイデアは、建設省河川局河川計画課（当時）の佐藤直良氏が、日野市潤徳小学校を訪れたことから始まる。日野市水路清流課は1991（平成3）年から潤徳小学校の北側に流れる向島用水のコンクリート護岸を自然に近い形で復元し、農業用水としての機能を保ちながら、身近な水路の自然とふれあう環境を整備し保全を図る試みを実施した。潤徳小学校には向島用水の流水が引き込まれ、作られたワンド（静水域）はさまざまな生物が生息する「トンボ池」になった。このワンドを潤徳小学校は自然体験学習の場としてカリキュラムに組み込む一方で、子どもたちは放課後にワンドで遊びや観察を行っている。このような「自然と学校の空間が溶け合った」事例を見て、次世代を担う子どもに川でさまざまな活動、とくに楽しむための「水辺の楽校」というアイデアが生まれたのである。まさに日野市は水辺の楽校の誕生の地でもある。

日野市には潤徳水辺の楽校と滝合水辺の楽校の2つがある。潤徳水辺の楽校は、3年間の準備期間を経て、2004（平成16）年10月に発足した。潤徳小学校、地域住民、浅川に関わる市民グループのメンバー、日野市役所緑と清流課

写真1　おとなも子どもも入り混じっての浅川で水遊び（撮影：高木秀樹）

の職員などを中心に運営されている。潤徳水辺の楽校の特徴は、「子どもの遊び」に徹するという点である。4月の竹馬乗り、竹とんぼづくり、「石絵」づくりから始まり、浅川での水辺コンサート（5月）、水遊び（8月）、浅川の源流巡り（11月）、地図を読んで遊ぶ（12月）、どんど焼き（1月）などがある。また、遊びの延長として、水辺の一斉清掃（6月）に参加しながらパックテストによる水質調査や、浅川の植物調査（9月）では外来種問題に関する講習会も行っている。さらに毎年3月には1年間の活動のまとめとして、水辺の楽校写真展や発表会を実施している。さらに、潤徳水辺の楽校のメンバーらは、潤徳小学校の環境教育の一貫して稲作も行っている。このように川・水、川辺を通じて遊びながら学ぶスタイルが定着している。

一方、滝合水辺の楽校は、「浅川を遊べる川に」という願いを達成するために2001（平成13）年に設立された。当時の浅川は、上流部分などの排水によって、現在よりも水は汚く、臭いもあった。その後、2005年度には滝合小学校近くの浅川にワンドが作られ、そのワンドを地域の財産として守っていくために、滝合小学校の卒業生やその保護者、地域住民、滝合小学校の学校関係者が「浅川っ子の会」を発足させ、滝合水辺の楽校と共同してイベントを実施している。活動内容としては、浅川のクリーン作戦（4月、11月）、野鳥観察（6月、2月）、浅川での水遊び（8月）などがある。子どもだけではなく、親も楽しめるイベントとして、焼き芋や団子を作って食べることもある。滝合水辺の楽校の活動は、滝合小学校の教員が担っていることもあり、同小学校の授業（生活科、理科、総合的な学習の時間）や学校行事（運動会）、クラブ活動などで、滝合水辺の楽校の活動フィールドを用いることも多い。このように滝合水辺の楽校は、浅川っ子の会と共同して地域と連携しながらイベントを実施する一方で、滝合小学校の学校教育活動に生かされている。

以上のように日野市の2つの水辺の楽校は設立経緯の違いから、やや性格は異なっているが、子ども、地域住民、学校関係者、行政が一体となって、浅川やその水辺へのかかわりを深めている。（西城戸誠）

写真2　浅川で魚とりに興じる子どもたち

写真3　きれいな川で夢中になって魚を追いかける子どもたち

写真4　竹馬や竹とんぼ、石絵なども体験できる「浅川で遊ぼう」と題されたイベント

写真5　浅川の河原で行われたどんど焼き

3|6|2
どんぐりクラブ
環境教育——2

● どんぐりクラブとは

どんぐりクラブは日野市環境学習サポートクラブの愛称である。日野市環境情報センターと連携して、地域の子どもたちへの環境学習や野外授業を支援するほか、環境学習を進めるためのプログラムや方法を提案する市民団体である。

2008年度は、市内小中学校で約50回、延べ4200人程の児童生徒に対し学習会を行った。

● 活動事例

春は、セイヨウタンポポとカントウタンポポの違いを観察したり、春の花や虫を使ったフィールド・ビンゴ（ネイチャーゲームの1種）などのプログラムが組まれる。夏は、川で魚捕りや水生生物の観察、秋は、河原でバッタとりやどんぐりや松ぼっくりなどの木の実や枝を使った工作、冬は冬芽の観察などと季節に応じた環境学習を学校等に提案し、そのサポートを行っている。学校からの要請に応じて専門家の講師を紹介することもある。

材料の準備などは骨が折れるものの、子どもたちが夢中になって魚や虫を探している姿やできあがった作品を満足そうに見ている姿を見ると、私たちも嬉しくやりがいを感じている。

● 自然のすばらしさを伝えたい

かつての子どもたちは、自然界に対する適応方法や遊び方、活用法などを親から子へ、あるいは上級生から下級生へと、日常生活の中で伝授されてきた。ところが時代の変化とともにこの習慣が薄れ、失われてきている。

現在、この役割は学校に求められていると言われるが、教師陣もたいへん忙しく、野外に生徒を連れ出すことは安全面からも難しい。

そこで、私たちがサポートすることで野外活動が可能になれば、子どもたちが自然に親しむ機会が増え、自然の素晴らしさを実感してくれるだろう。環境を大切にする気持ちが育ってくれればと願いつつ今後の活動にも力を入れていきたい。

（有馬加代子）

写真1　観察の後、教室でたのしくしらべる。冬芽の観察の様子

写真2　冬ごしの生きものを探して浅川沿いを散策

写真3　先生も加わって屋外での冬芽の観察

3 | 6 | 3
地域素材の教材化
環境教育——3

筆者はふだんの通勤に工場や住宅の並ぶ甲州街道をバイクで通ることが多い。ある日浅川沿いを通ってみた。河岸段丘を下りた辺りで、用水が道路沿いを流れていた。そして、道路の反対側は、一面にトヨタの水田が広がっていた。水の中ではミクリが揺れ動き、黒い板塀の脇は、私が育った立川市の以前の姿を思い出させるものがあった。今では、田んぼ、桑畑、梨園のあった川原続きの低地のほぼ中央に奥多摩バイパスが通り、下水処理場や市立体育館、公園などの公共施設ができ、住宅も増えて風景は一変した。日野市も、東京のベッドタウンとして急激に変化している。それでも、町の中に用水が流れている姿は感動的であり、そして子供たちにこの感動を伝えたいと同僚とともに用水の教材化を試みた。

日野の用水を教材化という視点からみると、次の4点が挙げられる。

① 用水は現在でも100km以上残っていて「水の郷」指定を受け、地域の特色の1つになっている。

② 用水では、小魚やザリガニを取ることができる場所があり、環境教育の導入として子ども達が自然と触れ合う体験ができる。

③ 用水がいつできたのかは明確ではない。しかし、古文書からは1567(永禄10)年、発掘調査からは8世紀(奈良・平安時代)まで遡れる。このように、何百年と続いてきた用水は、飲料水や生活用水、田用水、水車の動力として日野市域に住む人びとの生活を支えてきた歴史があり、文化財としての価値がある。

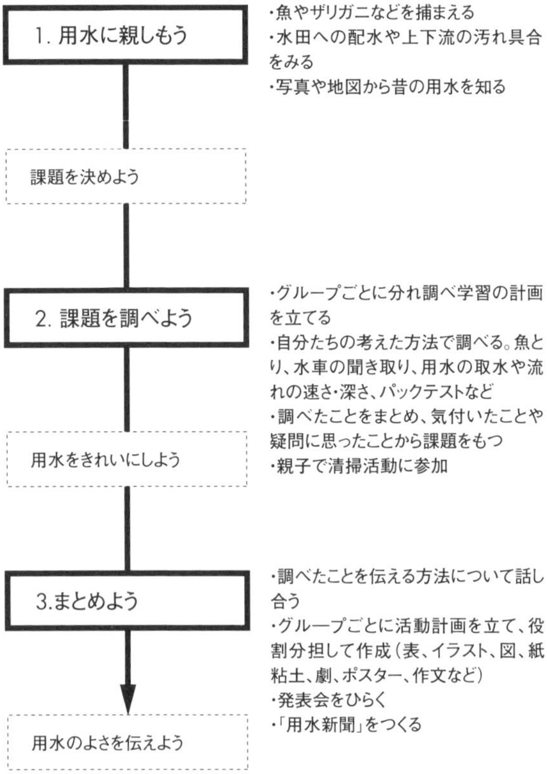

1. 用水に親しもう
・魚やザリガニなどを捕まえる
・水田への配水や上下流の汚れ具合をみる
・写真や地図から昔の用水を知る
課題を決めよう
2. 課題を調べよう
・グループごとに分れ調べ学習の計画を立てる
・自分たちの考えた方法で調べる。魚とり、水車の聞き取り、用水の取水や流れの速さ・深さ、パックテストなど
・調べたことをまとめ、気付いたことや疑問に思ったことから課題をもつ
・親子で清掃活動に参加
用水をきれいにしよう
3.まとめよう
・調べたことを伝える方法について話し合う
・グループごとに活動計画を立て、役割分担して作成(表、イラスト、図、紙粘土、劇、ポスター、作文など)
・発表会をひらく
・「用水新聞」をつくる
用水のよさを伝えよう

図1　用水を教材としたカリキュラム(小学4年)

写真1　地域の方の話を聞く子どもたち

写真2　用水の掃除に参加する子どもたち

写真3　豊田用水の観察会

④ 用水の保全のため、用水組合や市、市民が協力して取り組んでいる。

以上のように、地域の特色であり身近な環境でもある用水に子ども達が興味・関心をもち、体験的な調べ活動を通して用水のよさを知り、それを伝えられるような教材を開発した。授業実践の中で、子ども達は用水のクリーン作戦（掃除）を体験した。その後、用水に空き缶などが捨てられているのを見てがっかりし、大人を対象にアンケート調査を行った。その結果、用水に関心の無い人が多いことがわかり、ポスター作りをして用水にゴミなど捨てないように呼びかけた。このように、子ども達なりに地域の用水を大切にしようという気持ちは育まれたと思う。

また、用水を中心に環境の話を聞いたり、農家の人から聞き取り調査をしたり、古文書を読んだり、現地を歩いたり、写真を撮影したりして、私自身が日野市のフィールドの面白さを感じながら調査をした。その中で多くの人に出会い、はじめて知ったことや学んだことも多かった。

学校はその地域や学校でしか学べないことも提供することが大切である。そのためには、地域素材の開発や教材化、教育施設の活用や地域との交流に積極的に取り組む必要がある。日野の用水は保全活用が人びとの願いであり、その人びとの活動を学ぶことはふるさと意識を育む教材としても最適である。　（小坂克信）

写真4　市役所内にオープンしたミニ水族館を見学する子どもたち

3 | 7 | 1

日野の農業

食農教育の推進と地産地消

● 農 業 の 概 要

日野市は戦後の高度成長期以降急激な都市化を迎え、農地が宅地へと変化していった。そのようななか、日野の農業は「都市との共存」をめざしてきた。ここでは日野の農業の現状や現在進められている振興策や市民の取り組みについてみてゆきたい。

〈日野の農業の概要(2005(平成17)年時点)〉

現在は農家戸数371戸(販売農家194戸、自給的農家177戸)、耕地面積198ha(田23ha、畑136ha、果樹地39ha)となっている。日野では個人販売や即売が盛んで農家の約8割、出荷量で6割が個人販売・即売を行っている。作物としては野菜づくりがほとんどで、その他には果樹農家45戸、花6戸などが見られる。果樹はナシ(新高)、ブドウ(高尾)が栽培されており、最近ではブルーベリーの摘み取りができる観光農園も増えている。野菜ではトマト(日野トマト)が有名である。

〈農業振興施策〉

1.農業基本条例の制定(平成10年度)

1998(平成10)年度に日野市は全国に先駆けて「農業基本条例」を制定した。条例では「市民と自然が共生する農あるまちづくり」を目指し、市民、農業者、市が協力連携しながら日野の農業を「永続的に育成していく」ことを掲げた。

2.第2次農業振興計画・アクションプラン策定(2004(平成16)年度)

農業基本条例に基づき、10年間の具体的施策として策定されたのが第2次農業振興計画とアクションプランである。

・認定農業者支援制度
・援農ボランティア「農の学校」開校
・「日野人・援農の会」の支援
・地元野菜を使った学校給食の推進
・日野産農産物直売所・即売所支援
・市民農園・農業体験・観光農園の支援

などの事業や施策を展開している。

● 地 元 野 菜 を 使 っ た 学 校 給 食

日野市は地元野菜の給食を通して、農家との交流や野菜や畑を題材にした食農教育が盛んである。1983年から地域の農作物を使用し、市内全校の小中学校で日野市の野菜が食べられている。2006(平成18)年現在その使用率は15%ほどで2011(平成23)年には25%を目標に掲げている。地元野菜の学校給食が始まるきっかけは、一人の栄養士の働きかけにあった。栄養士の斎藤好江さんは子供たちが野菜を食べなくなったことを気にしていた。そんなとき学校へ一通の苦情が届いた。子どもたちに畑が荒らされたと。その事件から斎藤さんは子供たちと農との関わりがないことを気付かされたという。近くの農家が一生懸命育てた野菜を使った給食を作れば、野菜をもっと大切に残さず食

写真1 農家の方と給食をともにする子どもたち

写真2 学校給食用の畑であることを示す看板

べてくれるのではないだろうかと、斎藤さんは市役所へ相談に行った。市も都市農地保全は行政課題であると大賛成し、市と学校の協力から、地域野菜の学校給食は動き出した。

〈地元農産物を使った学校給食の仕組み〉

全国に先駆けて取り組まれた地元農産物を使った学校給食は、日野式と言われるほど有名だ。2004年東京都教育委員会給食優良校に表彰され、日野市ではじめて地元野菜を使用した東光寺小学校は2005年文部科学大臣賞を受賞した。

日野市の学校給食のシステムは日野市を東光寺地区、堀之内地区、平山地区の三地区に分け、それぞれの地区がまとめ係の農家と栄養士を置き、注文と納品を行っている。栄養士から受けた注文は、まとめ係の農家から各農家へ伝達され、各農家が栄養士のもとへ野菜を配達する仕組みになっている。3地区の品物や価格の調整、不足分の取りまとめや配送は企業公社が行っている。JA東京みなみは学校への代金請求と農家への代金支払いを受け持ち、さまざまな調整役になっている。日野市は特定作物に対してkgあたり60円から100円の助成金を支払い、農家の安定的収入を保証し、市内の野菜の消費拡大に努めている。野菜の生産は工業製品と異なり、天候に左右される。そのため、計画通りに収穫できないこともある。農家はあるものを提供し、学校はあるものを使わせていただくという気持ちで、需給関係が長く続いている。

給食交流は生徒と農家だけではなく、日野市にキャンパスを置く実践女子短期大学の学生たちも関わっている。実践女子短期大学食物栄養学科の白尾美佳教授は食育という言葉が一般化していなかった2003年、大学が地域に何ができるかと考えた。専門の食や栄養に関係することで、給食の前に食べ方や栄養素についての指導ができるのではないかとひらめいたという。日野第3小学校と掛け合い、給食の栄養指導を行うようになった。学生たちがその日の献立に使われ

図1　地元農産物を使った学校給食の仕組み

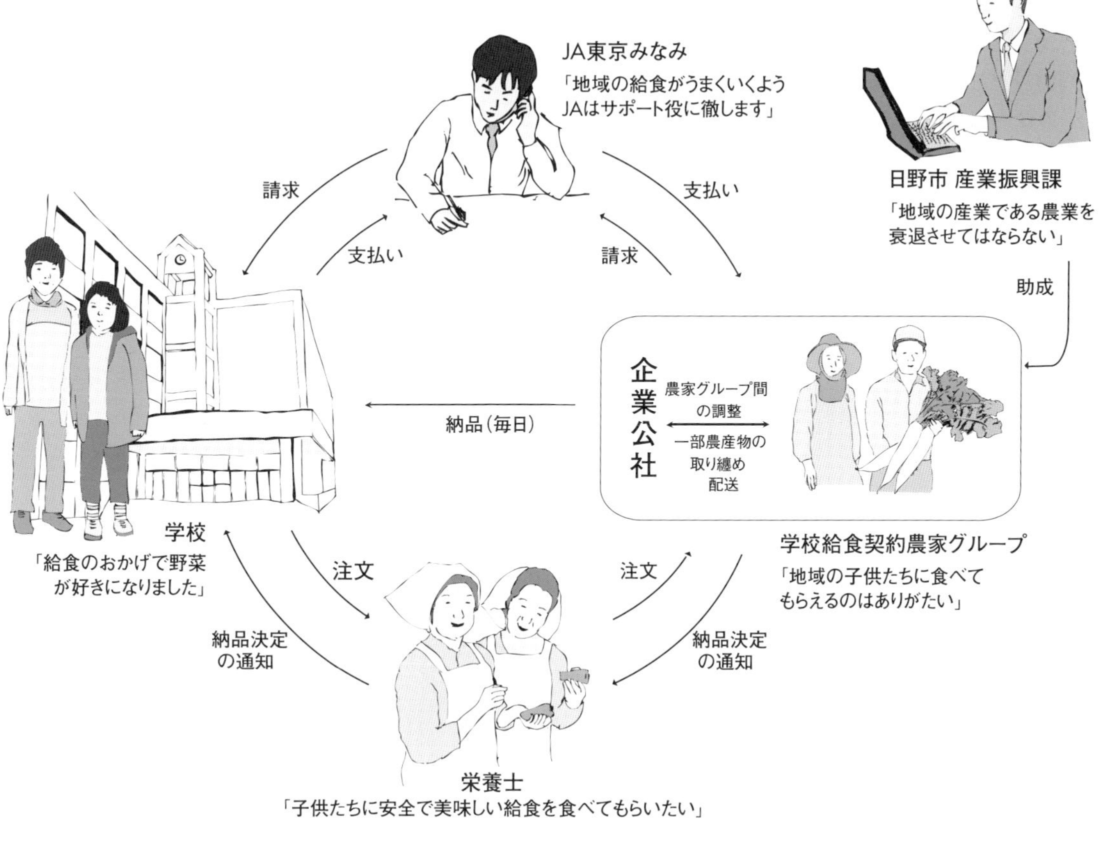

ている食品や栄養などについて、紙芝居やクイズ形式で生徒たちに楽しく学ばせる工夫をしている。子供たちからも「お姉さんに教えてもらうと楽しい」と好評のようだ。また、ひのっ子ネットというインターネットのサイトでは給食の献立を誰でも閲覧できるようになっており、毎日学生はおいしそうな給食の献立画像に向かい栄養についてコメントの書き込みもしている。

学生たちは将来栄養士を目指している。地域活動を通して栄養士と交流でき活動にふれることができ、栄養士の仕事を理解することができる。地域根ざした活動を行う学生たちが将来、栄養士として地元野菜の大切さを伝えていくだろう。

● 食農教育

写真3　日野市内のほとんどの小学校で行われる米づくりややさいづくりの体験

地元野菜を使った学校給食は地域の農業を学ぶことにも繋がる。ほとんどの小学校が総合的学習などで「農業」を取り上げ、畑の見学だけでなく実際に農作業を体験している。たとえば東光寺小学校では、5年生が毎年よそう森公園内の水田で米づくりを行う。3、4年生も玉ねぎや東光寺大根の種まき、収穫も行っている。平山小学校では、農家やJAの協力により、全学年が平山陸稲、古代米、金ごま、りんご、トマト、きゅうり、なす、小松菜、さつまいもなどの栽培を行っている。

食農教育の取り組みには農家の協力が欠かせない。平山地域で先祖代々農業を営んでいる小林和男さんは、学校給食に野菜を提供したことがきっかけで、「学童農園」、「日野産大豆プロジェクト」を始めた。学童農園は学校の授業の中で「農業」を取り入れてもらい、子どもたちで育て、収穫したものを学校給食で食べてもらう。子供たちは一年間農家の人になったつもりで、農業の大変さ、食糧を大切にする気持ち、天候や自然環境を学ぶ。

「日野産大豆プロジェクト」は、遺伝子が組み換えられていない安心安全な大豆で作った豆腐を子供たちに食べさせたいという栄養士の想いから2003年度に始まった。国産自給率はわずか5%、日野市では全く栽培されていたかった大豆を小学生たちにも栽培してもらい、豆腐屋の協力もあり市内の小中学校全校で日野産大豆を加工した豆腐が給食で食べられるようになった。現在、市内3箇所の農地で「日野産大豆プロジェクト」は行われ、2009年度は500kgの大豆を収穫した。種まきから収穫まで農家、栄養士、調理師、市民、大学生などがボランティアで参加している。

このような取り組みから、子供たちは農家の人たちに声を掛けてくれるようになり、農産物にも興味をもつようになったということである。

写真4　子どもたちに鎌の使い方を指導

写真5　1本ずつ丁寧に苗を植えていく子どもたち

写真6　東光寺小学校の米づくり

● 地産地消／日野の養鶏と酪農

日野市内には現在も養鶏農家と酪農農家が各1軒ずつある。かつて農村だったころはどこの家にも牛や豚、あるいは鶏もいたが、今では貴重な存在となった。由木農場もモグサファームも地域と密接につながり、卵や牛乳の地域への提供だけでなく、その存在は食育あるいは農育の面からも重要となっている。

〈由木農場〉

10年前には、日野市にも3軒の養鶏場があったという。しかし養鶏場周辺まで宅地化が進み苦情などが増えたことやエサである穀物の価格高騰により、養鶏は衰退した。現在は百草にある由木農場の1軒だけになった。

由木農場の養鶏は1960（昭和35）年ごろ始まった。かつては食用豚を飼育していたが、肉の価格が暴落し、養鶏に切り替えたのがきっかけだった。豚舎を再利用し、鶏舎に変え、はじめは細々とやっていたという。現在は安全な卵の生産に努め、日野市内の小中学校の学校給食用として、また直売所、生協に出荷されている。由木農場で取れる卵はまるで春の桜のようなピンク色である。そのことから「さくら卵」といわれている。エサは遺伝子組み換えをしていないトウモロコシと大豆を特別に仕入れたものを独自に自家配合し、風も光もはいる環境で飼育している。外国産の鶏に比べ、エサを多く食べるにも関わらず、産卵率は悪い。また、遺伝子組み換えをしていないエサは流通量が少ないため価格が高い。またかつて農地しかなかったために苦情がくることはなかったが、今では周辺まで宅地が迫り、営農環境はますます厳しくなっている。そのため鶏舎にコーヒーの粕をまくなど、鶏糞の臭いを抑える工夫も行っている。しかし「多少効率は悪くても安全に美味しく卵を食べてもらえることが一番です。喜んでくれるお客さんがいるかぎり、続けていきたいと思います」と由木勉さんはいう。

〈モグサファーム〉

戦後の食生活の変化に対応するため、国が酪農を推奨していた時代に、現在の経営者である大木聡さんの父親・国郎さんが酪農を始めた。酪農は水田や野菜に比べ季節の影響が少ないため安定的に収入が得られる利点もあり、かつて日野市には4、50軒ほどの酪農農家があったという。しかし、都市化とともに徐々に減り、現在では大木家ただ1軒になってしまった。

モグサファームは名所である百草園に近く、休日には多くの観光客が牛舎を訪れる。

大木聡さんは多くの人に新鮮な日野の牛乳を味わってもらいたいと2005（平成17）年からジェラート店「アルディジャーノ」の経営を始めた。ご主人の大木聡さんが作乳した牛乳で、奥さんがジェラートを作り、娘さんが販売をしている。家族で支える温かいお店だ。ここには牛舎を訪れた観光客が決まって足を運び、新鮮なジェラートを楽しんでいる。さっぱりとしたコクのある甘味だが、後味がしつこくない。牛乳の新鮮さを活かすため試行錯誤の結果生まれた自慢の味だ。大木さんは旬や地産地消をモットーに、近くの農家が栽培したイチゴやブルーベリー、かぼちゃ、サツマイモ、梨、リンゴなどを使った季節限定メニューも楽ませてくれる。

酪農は毎日休みがなく大変な作業だ。すべての牛の体調を把握し、愛情を込めて大切に育てなければならない。そのような努力の結果、地域に美味しいジェラートが届けられる。

（山中 元、長野浩子）

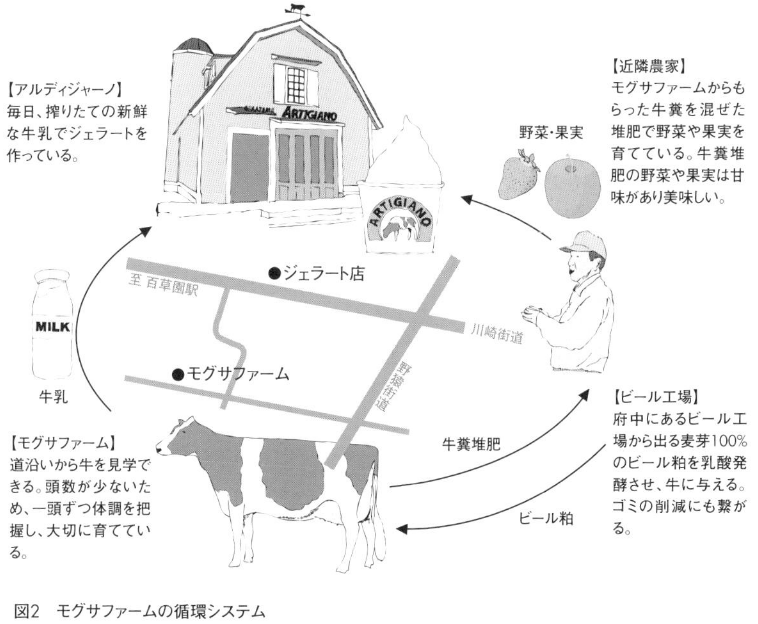
【アルディジャーノ】
毎日、搾りたての新鮮な牛乳でジェラートを作っている。
ARTIGIANO
ARTIGIANO
【近隣農家】
モグサファームからもらった牛糞を混ぜた堆肥で野菜や果実を育てている。牛糞堆肥の野菜や果実は甘味があり美味しい。
野菜・果実
MILK
牛乳
●ジェラート店
至 百草園駅
川崎街道
●モグサファーム
野猿街道
【ビール工場】
府中にあるビール工場から出る麦芽100%のビール粕を乳酸発酵させ、牛に与える。ゴミの削減にも繋がる。
牛糞堆肥
ビール粕
【モグサファーム】
道沿いから牛を見学できる。頭数が少ないため、一頭ずつ体調を把握し、大切に育てている。

図2 モグサファームの循環システム

3 | 7 | 2
市民の農への関わり

● 市民農園・体験農園・田んぼの学校

農業はもはや農業者だけでは守れない。

後継者不足、高齢化、相続税、宅地化の問題から先祖代々守り続けてきた農地が失われ始めている。1985年から2005年の約20年間で638世帯あった農家の数は、372世帯に減少した。農地面積は274haから110haと164haも失われた。そんな衰退しつつある農業の救世主は、市民である。食糧自給率が40%をきり、産地偽装が相次ぐ。食の安全安心が脅かされた今、市民たちが自らの手でまちを耕しはじめた。

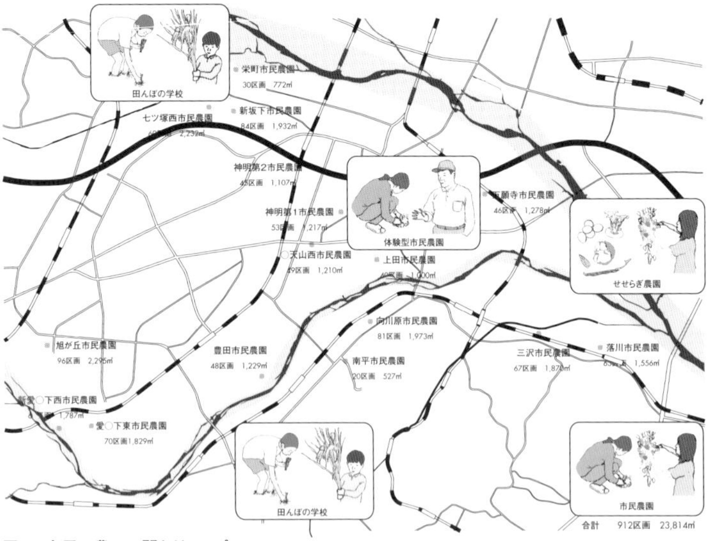

図1　市民の農への関わりマップ

［市民農園］

市民農園とは行政が農家から借り受けた畑を、市民に貸し付けたものである。市内に16ヵ所あり、1区画約20m^{2}で計912区画を市民に貸し出している。市内に住んでいることが条件で、抽選に選ばれれば誰でも借りることができる。使用期間は2年で、使用料は2400円／年である。最近は抽選倍率が高くなっており平均2.3倍、高いところは6倍を超える。借りてからは特定の農業講習がないため、堆肥から栽培作物まですべて個人の判断で決めなければならない。

［体験型市民農園］

体験型市民農園は日野市に一か所、川辺堀之内にある岸野隆史さんの農園である。2007（平成19）年から始まった。市民農園と異なり、農家の指導のもと20種以上の農作物を栽培する。約30㎡が22区画ほどある。参加者は年会費4万円を支払うが、できた農作物や肥料、借りる農具などすべて含まれる。農家にとっても安定的な収入となる。農業のサービス産業化、第一産業の第三次産業化である。岸野さんは市民との交流を持ちたい、市民に農業の楽しさを知ってもらいたいという想いから体験型市民農園を始めた。作業日は月に1、2回だが、参加者自ら草取りなど作業を行っている。年に2回、春と夏は体験者とバーベキューパーティ。11月の収穫祭では、ビールを片手に反省会を行う。岸野さんは30歳代から70歳代のさまざまな参加者と話をするのが何よりの楽しみだという。体験者の中には農業に目覚め、地方の耕作放棄地を買いとり、家も建て、農業一筋で生きてゆく決心をした人もいるようだ。

［田んぼの学校］

消えゆく日野市の伝統的景観、環境、文化を守り伝えているのが「田んぼの学校」である。日野市内には、新町のよそう森公園内と南平に水田がある。田んぼの学校は公民館のプロジェクトとして2004（平成16）年からスタートし、農家の指導のもと参加市民が中心に実習田の管理、運営を行っている。それぞれ30人から40人ほどが参加している。公民館の瀧口英彦さんは「田植え、草刈り、稲刈り、脱穀という年間サイクルを通して、命を育むこと、恵みに感謝することについて知るきっかけをつくりたい、小さくても地域、環境に対してできることをみんなで実践していきたい」という。公民館・参加市民たち一人一人の小さな力が共鳴し、日野市に大きな影響を与えている。

● 石坂ファームハウス

［石坂家の自給自足］

日野市百草の倉沢に石坂ファームハウスはある。ファームハウスを運営する石坂家はこの地に400年以上続く農家である。田植えの時期にはカエルの大合唱、夏にはホタルの優しい光が夜を照らす。秋には赤とんぼがすいすい遊泳飛行。まさにここは大都市東京の別天地だ。田、畑で米や100種類の野菜を栽培し、お茶や味噌は自家産である。家で食べきれないものは庭先で販売し、果樹やブルーベリーは観光農園として一般に開放するかたちで、農業経営を行う。里山は管理をしなければ荒れてしまうため、下草刈りをしたり、「くず掃き」といい落ち葉を掃き取るなどの手入れをしている。くずは畑の堆肥として使う。石坂家の自給自足生活は「旬」と結びついている。野菜はすべて露地栽培で、旬の野菜しか取れない。ファームハウス代表の石坂昌子さんは「旬で取れた野菜はしっかりとした本物の香り、本物の味がする」という。いつしか都会の人びとが忘れてしまった旬を伝えなければならないという使命感から、会員制体験農業「自然の恵みを楽しむ会」を始めた。

写真1　会員に行事の説明をする石坂昌子さん

写真2　石坂家の前の田んぼでの田植え体験

［自然の恵みを楽しむ会］

自然の恵みを楽しむ会は、1994年にできた。現在の会員数200名だ。行事は1月から12月まで年間を通じて行われる。1月はまゆ玉づくり、2月は七草粥づくり、3月は麦味噌づくり、4月は……という具合に年間の体験イベントは続く。7月のジャガイモ堀では暑いので汗だくになりながら掘る。泥の手で汗を拭うので顔中泥パックになりながら、暑いこととジャガイモが結びつき、「ジャガイモの旬は夏なんだね」と実感する。そして、農家の旬や本物の素材を味わって「初物を食べたから、75日生き延びるよね」なんて言いながら帰っていく。石坂さんは「自然や本物の味を楽しんでくれてありがたい。イベントは自然と結びついているため、農作業の状況や天候によっては、行えない時もあるが、自然や本物の味を理解し、楽しんでくれる人が増えてきてありがたい」と感謝の気持ちを伝えてくれた。

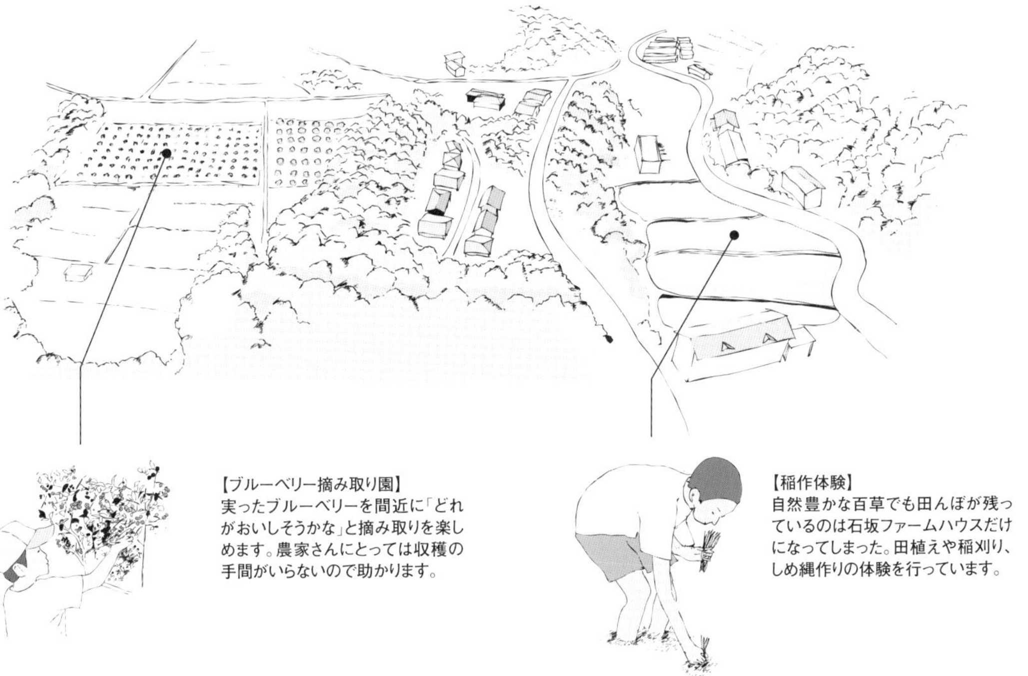
【ブルーベリー摘み取り園】
実ったブルーベリーを間近に「どれがおいしそうかな」と摘み取りを楽しめます。農家さんにとっては収穫の手間がいらないので助かります。
【稲作体験】
自然豊かな百草でも田んぼが残っているのは石坂ファームハウスだけになってしまった。田植えや稲刈り、しめ縄作りの体験を行っています。

図2　石坂ファームハウスの全体図

● コミュニティガーデンせせらぎ農園

都会では珍しく素堀の用水路が流れ、多くの人が集う新井の「せせらぎ農園」。ここは、生ごみを肥料として活用し、地域の人たちが集う自然循環型コミュニティガーデンである。各家庭であらかじめ発酵促進剤（ボカシ）を混ぜて一次処理した約200世帯の生ごみを、週に1回軽トラックで収集。畑に直接投入して浅く耕し、約1～2ヵ月発酵させて土づくりを行う。

写真3　休憩のお茶の時間はおしゃべりを通じていろいろなアイディアが生まれる

写真4　週3日の作業日にはいつも10人前後のメンバーが農作業に加わる

高齢の農家の援農として運営しているのは「まちの生ごみ活かし隊」という市民団体である。本来なら燃えるごみとして、エネルギーを使って焼却し、埋め立てられるはずの生ごみを肥料として活用し野菜を栽培する。環境に対する負荷が少ない地域内循環ができあがっている。生ごみ堆肥で育った野菜はえぐ味がなく、化学肥料を多用した野菜に比べて格段においしいそうだ。

ここは個人で耕す市民農園とは違い、幼児から高齢者、障がい者まで幅広い層の人びとが集まって共同作業を行っており、いつも楽しい会話と笑いが絶えない。異世代が気軽に集える都市のコミュニティスペースとなり、地区の児童館や幼稚園、小学校などの環境学習の場ともなっている。

代表の佐藤美千代さんは「生ごみは捨てればごみだけれども、活かせば貴重な資源。人も同じで、一人ひとりの個性が活かされる「場」が増えれば、もっと活き活きとした社会になれるはず。包み込むような助け合いの社会が理想です」という。環境と人を考えたこの農園はとても美しい場所だ。　（山中 元）

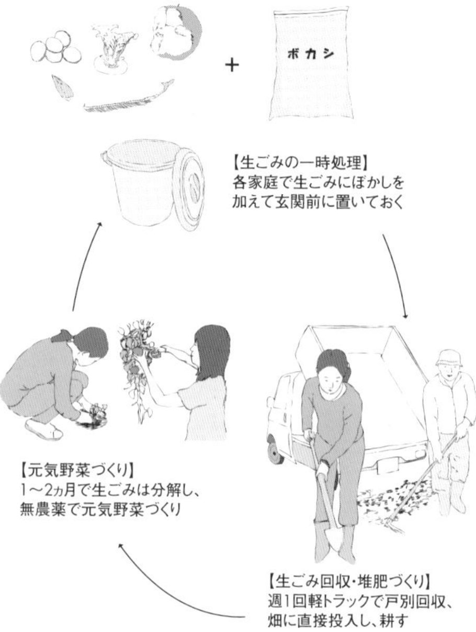
ボカシ
+
【生ごみの一時処理】
各家庭で生ごみにぼかしを
加えて玄関前に置いておく
【生ごみ回収・堆肥づくり】
週1回軽トラックで戸別回収、
畑に直接投入し、耕す
【元気野菜づくり】
1～2ヵ月で生ごみは分解し、
無農薬で元気野菜づくり

図3　資源循環のしくみ

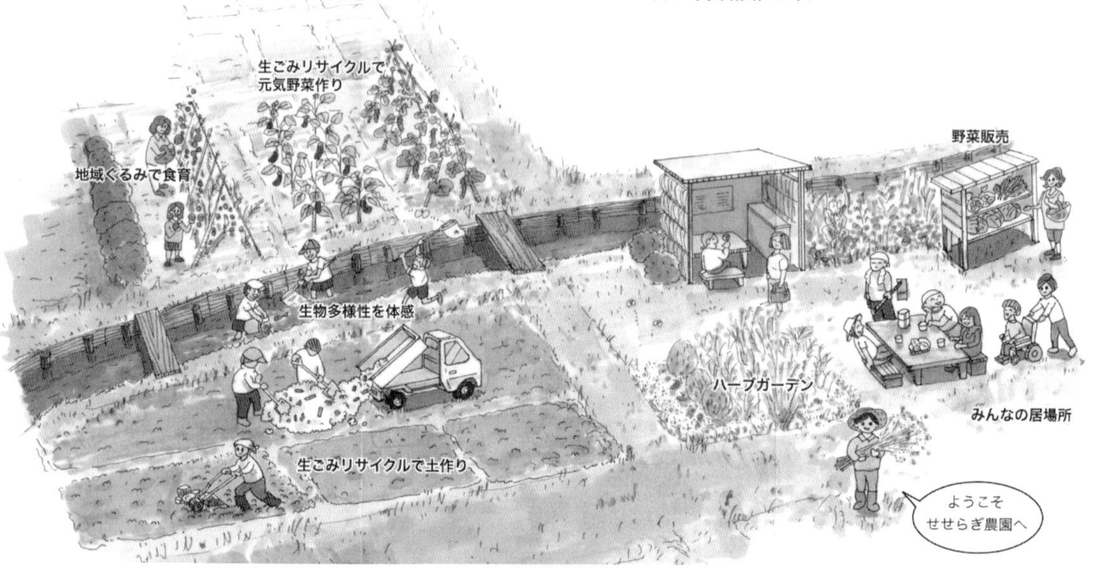
生ごみリサイクルで
元気野菜作り
地域ぐるみで食育
野菜販売
生物多様性を体感
ハーブガーデン
みんなの居場所
生ごみリサイクルで土作り
ようこそ
せせらぎ農園へ

図4　せせらぎ農園

3 | 7 | 3
これからの都市農業

都市農業の最大の特徴は、消費者のすぐ隣で生産が行われていることである。新鮮な農産物を手にすることができるだけでなく、体験型市民農園や援農ボランティアなど農作業に参加することによって、生産者と直接関わりを持つことも可能である。また、農地が身近にあることで、ゆとりある緑の空間がもたらされる。温度や湿度が調節されたり、災害時には避難場所として位置づけられるなど、暮らしの多方面でも役立っているのである。

このように農地が多面的機能を発揮するためには、農家が土を耕し、作物を育てる生産活動が続くことが不可欠になる。しかしながら、現状として都市農地の面積は減少傾向が続く。その背景を考えるとき、都市が拡大・成長する時代にあって、都市農業の位置づけが翻弄されてきた経緯を無視できない。もともと法的面での都市計画は、市街化を進める区域として農地の宅地化が意図された。またバブル景気に沸いた時代には、都市農地は低未利用地と非難され、都市農業不要論の声も上がっていた。つまり、今も残る農家は、このような制度や法律の狭間で、宅地化する農地と保全する農地の選択を求められ、面積を縮小させながらも営農を続けてきたのだ。

写真1　日野市内には多くの直売所がある

さきほど、都市農業の最大の特徴は、消費者のすぐ隣で生産が行われていることと述べたが、それは以前農地があったところに新たな住民が移り住んできた結果でもある。だとすれば、今ある農地をこれからどうするのかを考えることは、地域の住みよい空間を考えることであり、もともと住んでいた農家にとっても、新たな住民にとっても、他人事ではない話といえる。

写真2　住宅地のなかに残る農地

生産者の高齢化が進む都市農業において、現在の農地の多くがまもなく世代交代に直面する。現状の制度では、生産緑地としての指定を受け、また相続税納税猶予制度の適用を受ければ、関連する税負担は大幅に軽くなる。しかし、その代わりに農家は、終身営農という条件を伴う。それゆえに、農家が農地の維持を図るには、次世代が生産活動を続けられる条件整備が不可欠になる。果たして、農家の人たちは自信をもって、次世代に農地をつないでくれるだろうか。

多摩地域でも農産物直売所が各地に設けられ、多くの消費者を集めている。また、学校給食や生協活動にまで、「地産地消」の取り組みは広がっており、農産物の需要は高まりをみせ、今や「地場の農産物の数が足りない」という声まで挙がっている。この現状は、農家が農産物を作れば買い手がそれだけ存在することを意味している。しかし、農家の生産意欲はそれほど盛り上がっていないように見受けられる。なぜだろうか。

時代に翻弄され、宅地化により縮小の一途をたどってきた都市農業は、これまで「褒められた」経験が乏しかったのではないか。また、生産の「拡大をめざす意欲」も持てなかったのではないか。そうだとすれば、今求められるのは、消費者である私たちから、改めて、農家を、農地をしっかり支える手立てを考えることではないだろうか。地場産農産物が足りないのであれば、経営が安定できる規模を目指して、遊休地を農地に戻し、農家にしっかり生産を託し、私たちがしっかり買い支えるくらいの心意気があってもよい。農の営みを都市にも本気で残すつもりならば、それくらいの大胆な発想が求められるのではないか。次世代に向けて農の営みを捉えるまなざしが今、問われている。　(図司直也)

3 | 8
温熱環境
用水路の周辺は涼しいですか？

夏場、浅川の河川敷の岩や砂場は熱い。だが河川水はあまり熱くないことを実感する。これは水は温まりにくく冷めにくい性質のためである。物質により比熱が異なることが原因であり、水はコンクリートの4倍程度の違いがあることがわかる。そこで、実際の日野市のまちをサーマルカメラにより測定してみた。

水や草地、樹木などの自然物は温度が低いことが一目瞭然であり、また、樹木などによる木陰を作ることが低温化には寄与していることがわかった。

ある地区の一日の温度変化を計測してみたい。写真1は道路沿いに用水路があり沿線は住宅地と畑で構成されている地区である。A-Cの各断面の12時30分から2時間ごとの温度分布図である。測定断面は用途が変化している地点を選定している。

A断面は建物の壁や塀、生垣で構成され、どこにでもある景観である。構成要所により温度が変化していることがよくわかる。

写真1　調査ポイント

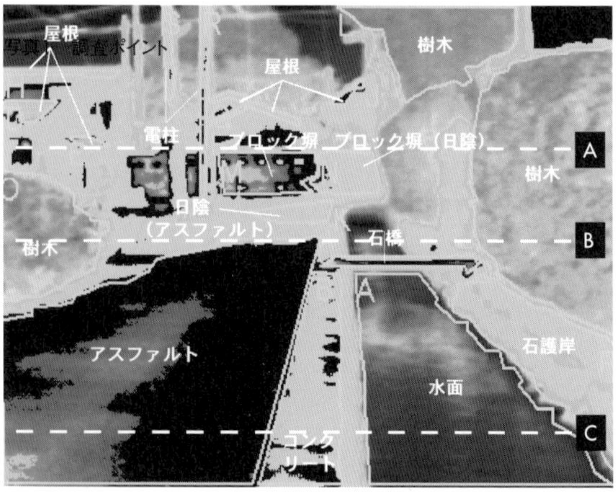

図1　サーマルカメラによる熱画像図

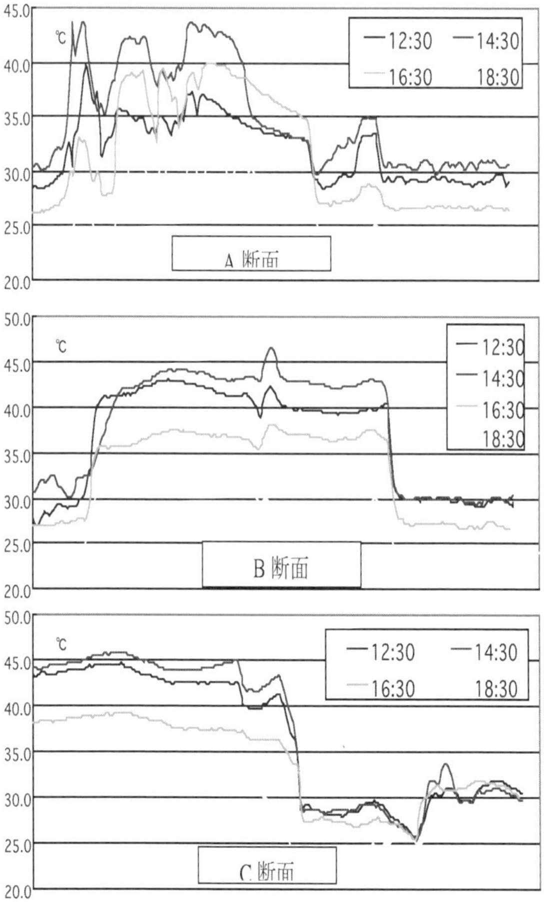

図2　各段面の時間ごとの温度変化

B断面は畑、道路、用水路上の住宅への橋、生垣で構成されている。道路や橋のコンクリートでは日中の温度が高く夕刻以降は樹木と同程度の温度になっているのがわかる。

C断面は道路と用水路で構成されている。道路と水では日中は15℃程度の差があることが明瞭である。

次に熱画像から得られた土地被覆別地表面平均温度の時間変化を示す。

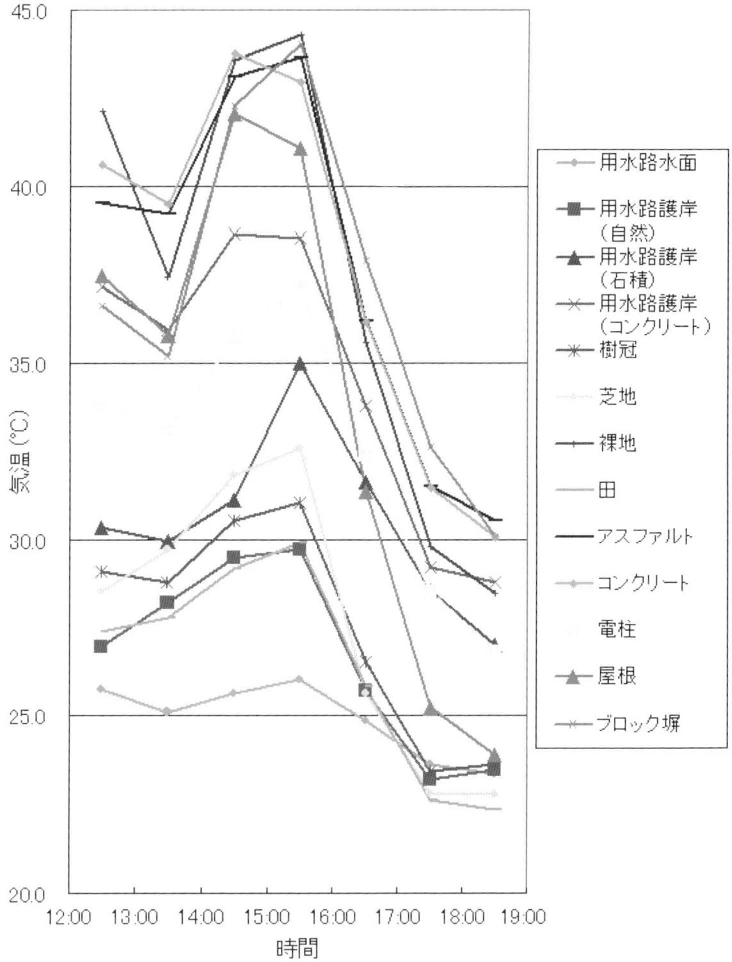

図3　熱画像による土地被覆別地表面平均温度変化

アスファルトや屋根などの人工面は日中の14～16時まで非常に高い表面温度を示しているのに対して、自然面は低い値を示している。人工面は16時以降下がり始めるが、自然面と比べると18時以降も5℃前後高い。用水路水面は一日安定した表面温度を示している。用水路の護岸は当然だが自然、石積、コンクリートの順で温度が低いことがわかる。道路面でも街路樹による日影がある場合とない場合では、15～20℃近くの表面温度の違いがあることが判明した。表面温度低下には緑陰の効果がかなりあることが判明し、街路樹などの積極的な整備が必要と思われる。

最後に、構成要素別地表面温度と都市計画基礎調査データによる地表面温度分布図を予測した。地表面温度分布図は2009年8月24日の15～16時のデータを予測したものである。用水路が流れる日野の崖線、川辺堀之内の緑地、黒川清流公園や多摩川などでクールスポットを形成していることがわかる。

このことから用水路が現存している地域では植生も多く、地表面温度の観点で見ればヒートアイランド緩和効果に繋がる結果となった。

さらに、5m幅員の道路に新たに用水路を導入した場合の都市気候シミュレーションを行った結果、幅2mの用水路と街路樹を新たに設置すると3～4℃もの温度低下が生じることがわかった。　（宮下清栄）

水の郷コラム

農業基本条例の意義

伊藤稔（豊田堀之内用水組合組合長）

用水は灌漑用水として稲作農家である農業者が先祖代々守ってきました。農業者だけでは、用水の維持管理は限界があり、風前の灯となってきています。今人びとは漠然とした大きな時代の節目を感じ始めて来ていると思います。右肩上がりの高度経済成長、土地神話の崩壊、昭和60年から平成にかけてバブルが大きくはじけました。昭和から平成のバトンタッチは、ただ単に年号が変わったというだけでなく、時代の変化、物の見方、価値観すべての事の節目を私たちは意識し始めていると思います。そのあらわれが具体的に形として出てきたのが1998（平成10）年に日野市では、全国に先駆けて農業基本条例が施行されたことです。農業者だけではもはや農業は守れない。農業者、一般市民、行政が積極的に農あるまちづくりのために考え行動しようという基本理念があげられ農業のもつ多面的な機能に全市民が関わっていこうと誕生とした農業振興策でもあります。農業を積極的に守り推進するための条文が書かれ、現に農業委員会を中心にして農業基本条例に基づいた農業振興策を展開し始めています。

食農教育「学童農園」にこだわって

小林和男
（JIA東京みなみ 野菜部会協議会顧問
「農の応援団」代表）

農業のよりよい環境には何が大事かというと、農業を理解してもらうことだと考え「学童農園」や「農の応援団」など行っています。

東京という大消費地の中にある私たちの農業は、地産地消を実践することが容易であると思われがちです。しかし、実際は宅地開発によって住宅に囲まれた小さな畑が点在している環境で、農家と一般消費者との距離は大きな隔たりがあります。地域の人たち、それは身近な消費者でもあります。その消費者との間にある目に見えない距離を縮めるために、まずは地域の子どもたちに「農」を少しでも理解してもらうために「学童農園」を始めました。

「学童農園」をはじめたきっかけは学校給食です。学校給食に地元野菜を活用して23年が過ぎました。始めたころには「地産地消」「スローフード」などという言葉もまだ聞かれませんでした。5万人の子どもたちが日野産の農作物を食べて育っています。私たちは地域の子どもたちに、「農」を知ってもらうために、学校の授業の中で「農業」を取り入れてもらい、自分たちで育て収穫したものを学校給食で食べてもらうことにしました。それがきっかけで、学童農園に発展してきました。父母の方々にも地域にある農家や農業を知ってもらい、地産地消につなげるための話もできるようになりました。この取り組みの後、子どもたちは学校の行き帰りに、畑で作業している私たちに気軽に声を掛けてくるようになり、田畑にゴミを投げ入れたり、イタズラしたりするようなこともなくなりました。逆に農作物に興味を持つようになりました。これらは学校と先生、親の理解と協力がなければできないことでした。当初保護者のみの参加であったものが、2年目から地域の人たち、3年目からは地元の実践女子短期大学の学生や留学生、農の学校などの皆さんに参加してもらい、活動の輪が広がっています。

4章
地域のこれから

八王子
立川

4 | 1
スローな生活
空間の余裕を活かした農、木、水、火のある暮らし

● 人口減少に対応したスマートシュリンク

2005年にピークを迎えたわが国の人口は、今後減少を続けるものと見られている。東京への急激な人口流入により拡大した郊外市街地の一部では、すでに著しい人口・世帯の減少が見られる地域が表れている。国においてはこれら郊外市街地の賢い縮退（スマートシュリンク）として余剰となる宅地の一体利用や市民農園としての利用などを打ち出している。中央線沿線の至便な条件を持つ日野においても、今後一部地域において郊外住宅地の縮小を余儀なくされることも想定される。

● 一人当たりの空間が増える

これは一方で住民一人あたりの空間量が増えることも意味している。市街地の縮退を肯定的に捉え、「農のある風景」をもつ日野の新たなライフスタイルに繋げていくことが良いのではないだろうか。豊かな空間を活かし、農、水などと暮らす郊外のスローなライフスタイルをイメージする作業はきわめて楽しい。

下の写真は都内で住宅地を分割し売却するために倒された庭木であった、栗の古木の断面である。通常は業者により処分場に持ち込まれ、焼却される。切って見れば興味深い自然の造形が見られるし、これを割って乾燥させ薪とすれば、芯から体を暖ためてくれる。栗の木が燃える時のパチパチとはぜる音は、耳にも優しいものである。ただし、この古木を貰い受け、積み置き、再利用するためには、住宅及びその周辺において相当の空間的余裕が必要となる。また、庭に植えら

写真1　宅地の売却に伴いたおされた古い庭木を割ってみれば、自然による美しい造形が見られる。庭木の更新はあって良いが、打ち捨てられることなく、工芸材料や薪などとしてくらしに活かしていきたい。

れた果樹を年に一回収穫し、新鮮な食感を得るなど、贅沢なことである。これも庭木を養うだけの空間的な余裕が必要となる。住宅の近傍に小さな畑を持つこともそれなりに空間的な余裕が無ければ実現できない。そうなのである。農のある風景、湧水や水路の豊富な日野における人口減少による郊外市街地の新たなライフスタイルは、空間的余裕と農、湧水、水路を活かした「農、木、水、火のある」豊かな暮らしではないだろうか。

写真2　今後とも火の見櫓は必要かも知れない

● アナログだが暖かい暮らしへ

明日の日野市のスローライフ的郊外生活……「20××年、世代交代や転居により暮らす人が減った日野市のこの地区では、希望者には転居跡地を利用することや、跡地をまとめた大きな空地を共同利用することができるようになりました。我が家の庭に加えてこれらの土地を使えることで、野菜、果樹などの栽培ができる他、夏のバーベキューや冬に備えて薪を積んでおくことができます。再整備により復活されたかつての水路には清流が流れ、親水空間が造られた他、生活用水として清流が利用できるようになりました。これらの農の空間、水路、火の利用などは、お互いに迷惑が及ばないよう地区の人びとで造ったルールに沿ってなされ、この農、水、火の管理が地区のコミュニティを堅固なものとしてきました。蛇口をひねれば出る水、栓を空ければ着くガスの火などと違い、労力はいりますが、水はすがすがしく、火は暖かい暮らしを与えてくれます。」……こんな姿が日野における明日のスローライフ的郊外生活としてイメージされるのである。

（高見公雄）

写真3　市民農地等に活用

図1　郊外市街地の賢い縮退のイメージ（国交省資料より）

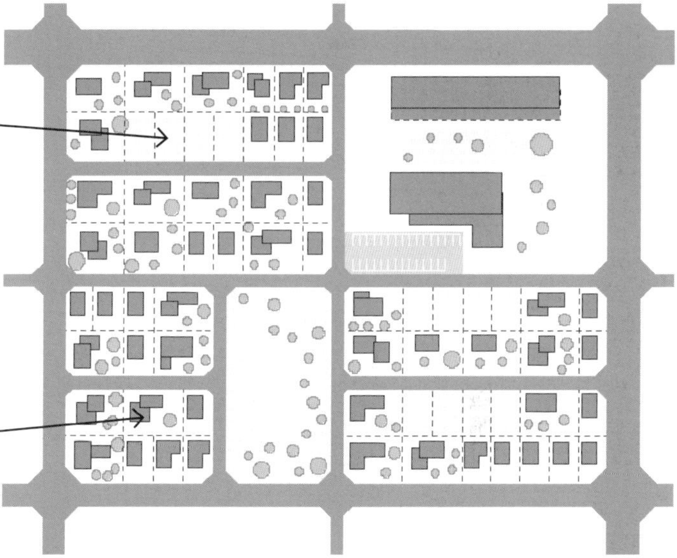

写真4　敷地の一体利用

写真5〜7　空間の余裕を活かした、果樹、水、火のあるくらしへ

4 | 2
エコミュージアムの可能性

● エコミュージアムについて

エコミュージアムとは、エコロジー（生態学）とミュージアム（博物館）という言葉を組み合わせた造語で、人間と環境との関わりを扱う博物館として1960年代のフランスで考案されたものである。そして、「ある一定の文化圏を構成する地域の人びとの生活と、その自然・文化および社会環境の発展過程を史的に探求し、それらの遺産を現地において保存・育成・展示することによって、当該地域社会の発展に寄与することを目的とするミュージアム（博物館）」と定義づけられている。

そのため、普通の博物館と違って、地域全体を一つの博物館と見なし、その中で展開する新しい概念の博物館で、日本では「地域まるごと博物館」「屋根のない博物館」などという表現を用いて紹介されている場合もある。

その運営は住民参加を原則とし、地域内に「コア」と呼ぶ中核施設（調査研究・展示・学習活動の拠点）と、自然・歴史・文化・産業などの遺産を現地で展示する場所・施設（サテライト）、地域の遺産について新たな発見を見いだす小径《こみち》（ディスカバリートレイル）などを配置し、地域社会を積極的に理解するシステムで行われているのがエコミュージアムである。

● 日野市域の現状とエコミュージアムの可能性

日野市域は、地理的にみると多摩川、浅川、多摩丘陵、日野台地など変化に富む自然地形によって形成されており、豊かな自然に育まれ多くの動・植物が生息する地域である。人びとは古くからこの恵まれた自然の中で生活を営み、古代末期には西党などの武士団が発生し、江戸幕府成立後は甲州街道の日野宿が置かれ賑わっていた。

現存する文化遺産をみていくと古刹高幡不動の不動堂・仁王門、さらに日野宿本陣などの歴史的建造物、西党の武将平山季重の墓所、文人墨客が訪れ梅の名所として知られる百草園など著名な文化財をはじめ、人びとが日々の暮らしの中で形成してきた農地・用水・里山・湧水など自然や生活に関わる地域遺産も多数伝えられてきている。

また、市域には日野の自然や歴史、暮らしに関わる資料や情報を集め生涯学習機関と位置づけられている郷土資料館が設けられ、地域研究の拠点となっている。同時にここでは農業を通してエコロジーな生活を考える「エコ・ライフクラブ」、自然と暮らしを体験する「雑木林探検隊」などの事業も取り組まれている。

このように、市域にはエコミュージアムで「コア」施設と位置づけることができる郷土資料館が存在し、また現地で地域遺産を保存・展示する「サテライト」となるような場所・施設も十分に備わっている。さらに近年、行政（市）と協働で地域遺産を調査し、展示やイベント活動などに積極的に関わる市民の研究活動団体も結成されてきている。

以上の状況をみるかぎり、日野市域を対象に地域を「まるごと博物館」とし、人間と環境との関わりを考えていくエコミュージアム設置の要件は十分に備わっており、今後、運営の仕組みなどを検討していくことによって、その実現の可能性はきわめて高いと言える。

（馬場憲一）

図1　地域博物館をコアにしたエコミュージアムの概念図

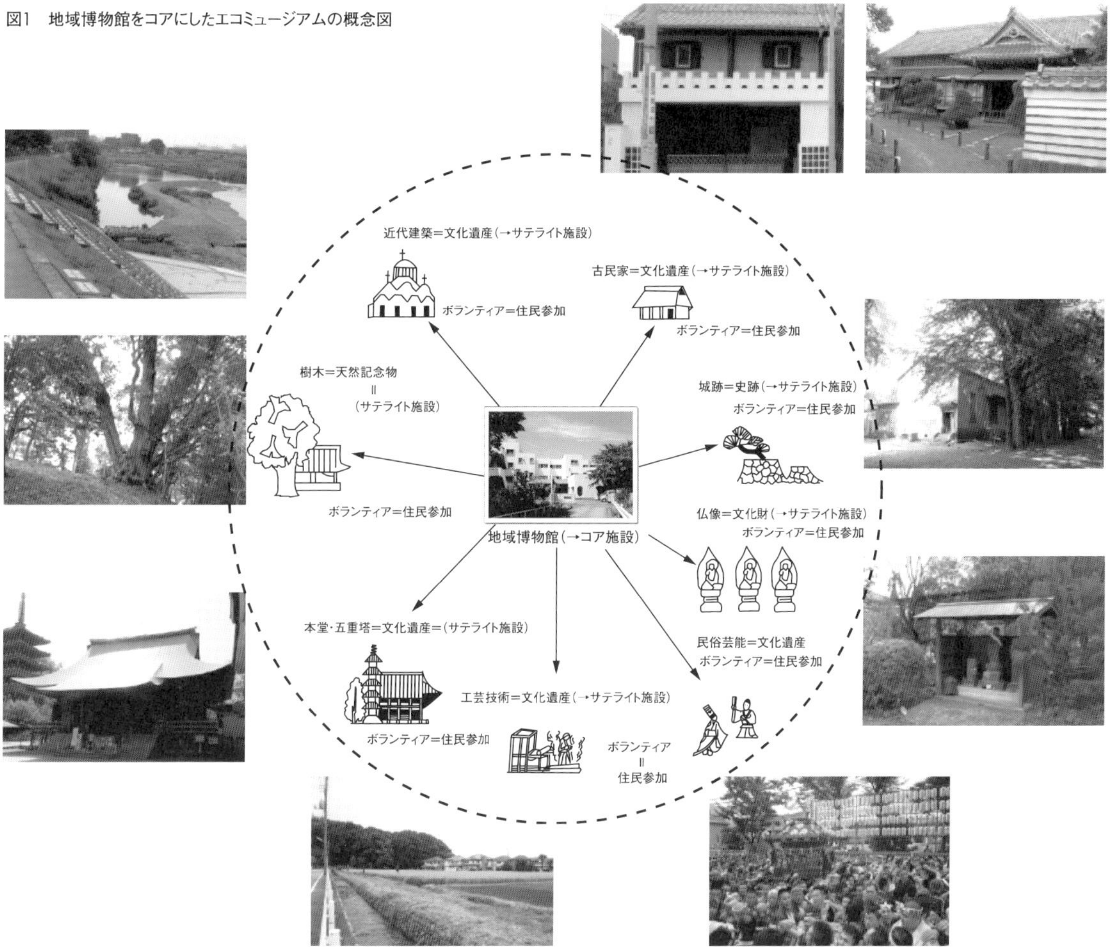

写真1　エコ・ライフクラブの活動の様子。
農家の指導のもと、今は使われなくなった昔の農具や道具を使い、米、麦、大豆、そばなどを昔ながらの方法で栽培し、餅、うどん、豆腐などをつくる。古い農具も展示だけでなく、実際に使うことで、先人の知恵や工夫を学び、昔の暮らしを知る。写真は足ふみ脱穀機で稲を脱穀しているところ。郷土資料館が行っている事業で、市内4か所の田畑で行われている。会員は150名ほどいる。

写真2　「幻の真慈悲寺」調査事業推進プロジェクトの取り組み。
2006年に、郷土資料館を事務局として日野市、教育委員会、観光協会、百草八幡神社氏子会、京王電鉄、地元自治会、資料所蔵者、市民団体（日野市新撰組ガイドの会、日野の古文書を読む会）によりはじまった。目的は真慈悲寺と百草、倉沢、落川、三沢などの周辺地域の歴史・文化・自然が他に替えがたいものであることを確かめ、後世に引き継いでいくことである。写真は棒を差し込み、地中の様子を探っているところである。

4 | 3
歴史的資源の発見と活用
仲田の森遺産発見プロジェクト

● ひのアートフェスティバル

ひのアートフェスティバルはアートに触れて、楽しみ、育てるイベントとして、自然体験広場（仲田の森）が会場となり、毎年開催されている。「ひのアートフェスティバル実行委員」と「日野市中央公民館」の共催で、2009年に13回目を迎えた。

図1　初期のイメージスケッチ（スケッチ：大川正明）

このフェスティバルに参加するため「Town Factory一級建築士事務所」、「法政大学エコ地域デザイン研究所」、「自然体験広場の緑を愛する会」が協働し、「仲田の森遺産発見プロジェクト」が立ち上げられた。市民から親しまれている仲田の森と、そこに現存する蚕糸試験場（102ページ参照）の遺構を含め、全体としての魅力を伝えることを目的とし、インスタレーション、トークサロンやスライドショー等、さまざまな切り口で活動を行った。

● インスタレーション

蚕糸試験場の跡地だからこそできるアートをこの場所を使って行いたい。そして、フェスティバルの来場者にアートを通してこの場所の魅力を再発見してもらいたい。そんな思いでスタートしたのが第5蚕室の跡地に取り残された基礎を使ったインスタレーションである。

仲田の森を「自然」という視点で見ると、敷地に残る基礎等の人工物は不純物に過ぎず、なかなか評価の対象になりにくい。また、30年も近くフェンスの中に閉ざされて崩れかけた基礎群だけを見ると、蚕糸試験場の遺産としての魅力を読み取るのは難しい。この場所を人工物と植物が共存した場として見たならば、このほか両者が一体化した例は稀で、一つの景色をつくっている。これは仲田の森の特筆すべき一面と言えよう。インスタレーションではありのままの基礎にかつて蚕室だった時代の記憶を繭のオブジェを用いて視覚的に演出し、光を当てて基礎を強調することで建物の輪郭を夏の一夜に蘇らせた。

樹々の鬱蒼と茂る闇夜の中で、ロウソクの光が照らし出す幻想的な光景は、インスタレーションを見た人びとの五感に響く展示になったであろう。

2010年の同プロジェクトは現存する建物を活用し、将来的な保存のあり方についての展望を示す「桑ハウス・ツーデイ・リノベーション」と称する計画を予定している。

（酒井 哲）

写真1　第5蚕室廃墟と繭のオブジェ

写真2　定規を使ってロウソクを設置

写真3　繭の製作

写真4　第5蚕室の廃墟のなかのインスタレーション

4 | 4
水の郷づくりに向けて
市民活動の可能性

かつて日野が農村だったころ、水や緑など環境を守るのは農業者自身であった。それは生産とくらしの場が密接に繋がっていたからでもある。その後、農村から工業都市そして住宅都市へと変貌していく中で、命をはぐくむ生産の場という意識は薄れていく。水は汚れ緑は消えていった。しかし、新たに住民となった人びとにも環境を守る担い手が生まれてくる。こうして水も緑も減少傾向にはあるものの、市民、行政により水や緑は維持保全され、現在も日野の良いところとして水や緑の豊かさを挙げる人は多い。

日野には現在も多くの用水路が残っている。それらは水循環や国土保全、環境教育、防災、アメニティなどの多面的価値やそして日野の歴史的資源でもあるとして日野市は維持し、保全していくことを掲げている。用水を守るために清流条例の改正や維持保全のための用水守制度なども設けられ、用水守もわずかづつではあるが増えている。しかし、海外からの安い農産物の輸入や相続税の問題など都市農業がおかれた厳しい状況は変わらず農業は衰退し、農業の自立は厳しく、農地とともに用水路の減少は続いている。

そのような中、農に親しみたいという都市住民はますます増えている。2009(平成21)年度の東京都のアンケート(インターネットによる都政モニターアンケート)でも85%が農業・農地を残したいと答え、農作業体験の意向も若い世代ほど高い。

市民のさまざまな農への関わりがあるが、新たな試みとして注目されるのが地域の家庭の生ごみを回収することで地域を巻き込み、子供から高齢者まで「みんなの居場所」として地域になくてはならない存在となっている「せせらぎ農園」である(p.146)。生ごみから堆肥を作り、野菜の生産という小さいながらも物質循環がそこにはあり、地域のコミュニティの活性化に繋げている。今後農家の高齢化が進む中で、市民の知恵や力を使い、遊休地の活用方法として大きな示唆を与えてくれる農園である。

農業はできないが農地は残したいという農家と農に親しみたいという市民は確実に増えてくる。このような農家と市民の出会いの場や仕組みの創設が早急に求められている。地産地消で地元の農産物を買い支えながら、この仕組みによ

写真1　せせらぎ農園のじゃがいも収穫祭(コミュニティガーデンとしても地域になくてはならない農園である)

り、市民を巻き込み、当面は身近な農地を守っていくことが可能ではないだろうか。

さらに、水の郷づくりに用水の維持保全は欠かせない。そのためには水田を残していくことも重要である。その理由として4つほどあげたい。①日野の用水路の発達は水田の灌漑のためであり、400年以上つづく水利システムとしての農業技術やそれに伴う伝統、文化がある、②水田は水の管理、稲の栽培、収穫して米になるまで手間のかかる作物であり、最も共同作業を要する農業の一つである、そして③生きものなど多くの命を育む場でもあり、④気候や自然条件、川から用水そして水田という流れの中で、環境の変化を受けやすい農業のひとつである。つまり稲の栽培を通し、流域の山々の荒廃、都市化、温暖化など地球規模の環境の変化を理解し、実感することができる。日々口にする食物がどのように作られているのか理解するだけでなく、地球環境、地域環境と最も密接につながる農業なのである。そして農作業を通じ、コミュニティを再生するしかけにもなる。日野では学校を中心に食育活動も盛んに行われている。さらに市民運動的に広げて行くことが農地、水田の維持保全につながり、それは芽生え始めているように思われる。　（長野浩子）

写真2　米づくりも行っている小学生

写真3　農作業を手伝う子どもたち

写真4　農業を理解するためにも残していきたい身近な農地

4 | 5 | 1
歴史・エコ廻廊の創造に向けて
地域の歴史・環境・文化によるまちの骨格づくり

● 私たちのまちは変わり始めた

私たちは今、都市化社会から成熟した都市型社会への転換期に立っている。20世紀のまちづくりで、私たちは多くのものを得た。しかし同時に「失ったもの」も少なくない。「負の遺産」である。この「失いし価値資源の再生」が、21世紀のまちづくりの主要なテーマの一つとなる。負の遺産の典型が多面的な価値をもつ「水辺」であり「水系」である。我が国土は水巡る国、それが日本の経済・社会、文化や風景を支えてきた。しかし類例を見ない未曽有の都市化は、川や堀割を埋め、かつて美しかった海岸線を人工化した。それればかりではない。近郊の農地や里山を消し、農と一体化していた美しい里川や用水路を下水路に陥れた。何よりも都市と農村が互に補い合う仕組みを崩壊させた。しかし近年、水系に深く結びついた人びとの営みがつくる田園風景が注目を集めている。人びとは地域固有の水辺再生により持続可能な居心地の良いまちづくりを始めた。

● 水辺の再生を目指そう

「水辺再生」の意義は緑の創造であり、農業の再生をも意味する。水系に沿ったエリアに積み重ねられた歴史的遺構などの再生を進めながら、社会と経済の新たな発展を目論むことになる。まさに「地域再編」に他ならない。この地域再編は避けがたい潮流である地球環境問題と人口減少社会への備えとなり、加えて荒んだ心を癒し豊かな心を呼び戻すメンタルな処方箋ともなる。「水辺再生」はその先導役を担い、水と緑、そして水と共に生きてきた人びとの生活が読み取れる〈歴史・エコ廻廊〉の創造へと向う。

写真1 都市ベイエリアから源流域を望む

写真1　都心に潤いを与えている歴史遺産の外濠（東京・市ヶ谷）

写真2　既成市街地に再生された江戸時代の用水（茨城・水戸）

● 歴史・エコ廻廊のイメージ

歴史・エコ廻廊は、それぞれの地域性や土地柄を反映し、多様な姿・形をもつ。共通していえることは、①水系を中軸とした緑に覆われた帯状の空間であること。②水辺に暮らしてきた先人たちの日々の営み、祭や伝統などが体感できる場であること。③そのコアとなる空間が市街地にメリハリを与え、その恩恵に浴し、これを守り育てるコミュニティが形成されていること。また21世紀は、便利さや速さといった合理的なものだけではなく、自然、歴史や伝統・文化、芸術などに価値を見いだす社会にしていかなければならない。それを<歴史・エコ廻廊>の構築は、その契機となる。何よりも経済的な価値を超える固有の価値資源と認識され、地域社会の新たな公共財となる。

● 歴史・エコ廻廊の骨格“環境・文化インフラ”

私たちは日野を研究フィールドに失われつつある農地や用水路を保全・回復し、“文化的景観”ともいえる田園風景の再生のための課題や方策を検討してきた。そして一つの解として農ある風景の骨格をなし、また骨太な環境軸、さらにはこの地の歴史が読み取れる学び憩う場ともなる「崖線～湧水～用水路」を一体的な“環境・文化インフラ”と位置づけ、その再構築を提案した。この新たなインフラは失いつつある価値資源をこれからのまちづくりを通じ百年の大計から拡げ、整え、つなぎ、“歴史・エコ廻廊”へと育まれることとなる。

● 未来像を描く

21世紀のまちづくりは「都市計画」というツールを越えた広がりを持たねばならない。私たちは隣り合う都市との連携や市街地を包む農的風景や丘陵地、自然と一体となった市街地設計等々を包括する新たな計画概念として〈地域デザイン〉を提起してきた。〈歴史・エコ廻廊〉構想は、このプランニング手法により推進される。　（高橋賢一、浅井義泰）

写真3　新市街地に再生された河川（東京・八王子）

写真4　団地に再生された河川（東京・八王子）

4 | 5 | 2
日野の歴史・エコ廻廊の展開
農を活かしたまち、その風景の骨格を作る

● 農を生かしたまち／風景の骨格をつくる

日野における“環境・文化インフラ”は、水辺をもつ農のある風景、「農を生かしたまち」である。

“農”という言葉からは、さまざまな事柄が想起される。水田、里山、鎮守の森等の農村風景、自然環境、歴史環境といったものがまず目に浮かぶ。さらに身近では有機野菜、地元食材、農園といった農に関する市民の関心にまでイメージを膨らませることができる。近年、環境との関わりでの生活者意識は大きく変わりつつある。自然との共生を目論む自然派ライフスタイルの台頭であり、これは単に自然環境だけの拘りでなく、リサイクル活動や生協活動、都市と農業との交流、そして次世代を担う子供達への環境教育などである。これは都市ストックとして“農の多面的意義（食料、環境、自然、空間、歴史、文化、生活等）”が大きく評価されていると考えられる。

農と都市と共存する意義は絶大である。

● “環境・文化インフラ”の繋がり・広がり

日野から多摩川を渡れば立川、武蔵野台地が広がっている。この台地を一筋の玉川上水が流れている。上水は33に分水して流下し、台地に集落が形成され、江戸の食糧基地として栄えていく。これを基軸にしながら、国分寺崖線のハケ（湧水）、これを水源とする野川と水田、青柳崖線と府中用水など台地、低地の上に展開する営為の姿が武蔵野の現風景（風景の骨格）である。

これら風景の骨格“環境・文化インフラ”は、横の繋がりとして日野の環境・文化インフラへと広くネットワークする。さらにこのインフラが、これからの郊外生活のインフラとして機能していくためには、地域の人と結ばれる縦の繋がりを育てていかなければならない。この縦・横の繋がりによって地域のインフラとなるのが“歴史・エコ廻廊”である。

（高橋賢一、浅井義泰）

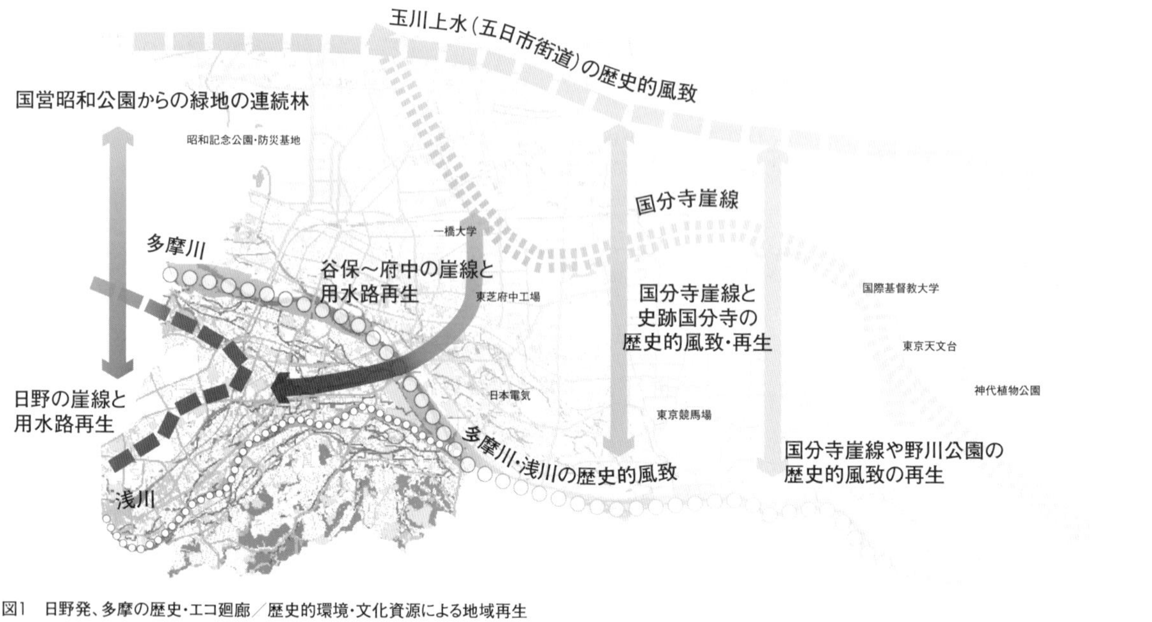

図1　日野発、多摩の歴史・エコ廻廊／歴史的環境・文化資源による地域再生

水巡る
まち

水巡る
まち

水巡る
まち

水巡る
まち

水巡る
まち

水巡る
まち

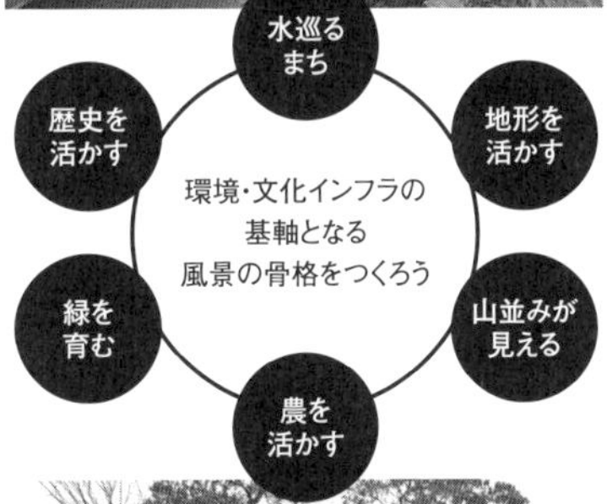
水巡る
まち
地形を
活かす
山並みが
見える
農を
活かす
緑を
育む
歴史を
活かす
環境・文化インフラの
基軸となる
風景の骨格をつくろう

歴史を
活かす

歴史を
活かす

歴史を
活かす

農を
活かす

緑を
育む

地形を
活かす

緑を
育む

緑を
育む

山並みが
見える

水の郷コラム

用水の思い出、それは魚捕り!

山崎和子(クレアガーデンホーム)

用水の思い出はと聞かれたら、それはもう魚捕りにきまっている。

メダカ、フナ、ハヤ、ドジョウ、時にはナマズも。魚取りには流儀がある。

左手に網を持ち、静かに動かないようにして、右手に持った棒きれで、水辺の茂みに潜んでいる魚たちを追い込む。両方の手を動かす者、片手に網を持ちすくう者、いろいろあるが、やはり、両方の手に網と追い込み棒を持つのがいちばんだ。そして必ず川下《かわしも》から始めることだ。それは川の水が濁って見えなくなるから。一すくいでたくさんの魚が網に入ったときのピチピチとした手応えは、忘れられない。それはもうわくわくして誰かに自慢したくなった。

用水は生活の中にあり切っても切れないものだと思う。しかし、今ではなんだか、ゴミ捨て場のようであり、交通の妨げになっていたり、臭いがあり、嫌われ者になっているような気がする。下水道がおおよそ完備し、水田が無くなってきた今、求められるのは、憩いの場としての水路であろう。人間たちだけでなく、昆虫や鳥たちにとっても水場は大切な憩いの場である。お互いが邪魔しないよう、楽しめるような水場であってほしい。

水の郷コラム

ロケ支援活動から思うまちづくり

中川節子(NPO法人日野映像支援隊代表)

大好きな日野の知名度を全国区に広めたい、日野に映像文化を根付かせたい、そんな思いを地域活性化に繋げたいと欲張った動機で始めた私達のフィルムコミッション活動は今年、8年目を迎えます。この間この活動が地域の皆様に徐々に理解され、厚いご協力を得て参りました。日野市との協働体制も確立され、多くのロケ支援を実現してきました。そのなかで中学生などから、自分達の暮らす街の魅力を再確認してその喜びを伝えてくれるようにもなりました。映像というのは不思議でいつも見ている街や学校が思いがけなく新鮮にカッコ良く映るのです。

日野にロケ名所を誕生させたい!という思いで励む日々から「まち」を見る眼も変化してきました。日野が誇る用水がなかなか画《え》にならない……何故なら、用水の佇まいがバラバラ……たとえば東光寺、栄町界隈だけをみても柵の手すりの色や護岸の様相が異なります。江戸時代からの用水各々が点として存在していて線になっていないのです。担当者レベルで安全第一だけを考えた結果と思われますが、深慮遠謀をもって統一されていたら景観として優れ、特徴あるロケ名所になります。それは市民にとっても生活に密着した心地よい癒しの空間となり、観光客もより多く訪れるようになります。

「まち」を目前の都合ではなく、百年の計をもって景観に磨きあげるには、今私達にできることはなにかを考えつつ活動に明け暮れています。

● 図・写真クレジット

＊記載のない写真及び図版のクレジットは、執筆者または編者に帰属する。

ページ	位置	種類	提供者	出典
カバー		写	鈴木知之（撮影）	
表紙		図	氏家健太郎	
1		写	鈴木知之（撮影）	
2、3	上	写	鈴木知之（撮影）	
2、3	下	図	多摩市立中央図書館所蔵、データ提供はパルテノン多摩歴史ミュージアム	
4、5	上	写	鈴木知之（撮影）	
4、5	下	写	鈴木知之（撮影）	
6、7	上	写	鈴木知之（撮影）	
6、7	下	写	鈴木知之（撮影）	
8		写		『新・日野の植物ガイドブック』、『新・日野の動物ガイドブック』、『日野の昆虫ガイドブック』
10、11		図	氏家健太郎	
14、15		図	氏家健太郎	
16	上、下	図1、2	神谷 博	
17		図3	森田喬・明石敬史	
18		図1		市域地図は法政大学宮下清栄研究室作成。湧水の場所は日野市発行『湧水現況位置図（2004年度）』をもとに作成。
19	左上	図2		島津弘、久保純子、堀琢磨（1994）「南広間地遺跡を中心とした多摩川・浅川合流点低地の形成過程」日野市遺跡調査会、『日野市埋蔵文化財発掘調査報告19 南広間地遺跡4』より「ボーリング・サウンディング試験、遺跡トレンチの位置」をトレース。
19	右上	図3		島津弘、久保純子、堀琢磨（1994）「南広間地遺跡を中心とした多摩川・浅川合流点低地の形成過程」日野市遺跡調査会、『日野市埋蔵文化財発掘調査報告19 南広間地遺跡4』より「多摩川・浅川合流地点低地の形成過程模式図」をトレース。
19	左下	図4		島津弘、久保純子、堀琢磨（1994）「南広間地遺跡を中心とした多摩川・浅川合流点低地の形成過程」日野市遺跡調査会、『日野市埋蔵文化財発掘調査報告19 南広間地遺跡4』より「多摩川・浅川合流地点低地の形成過程模式図」をトレース。
19	右下	図5		島津弘、久保純子、堀琢磨（1994）「南広間地遺跡を中心とした多摩川・浅川合流点低地の形成過程」日野市遺跡調査会、『日野市埋蔵文化財発掘調査報告19 南広間地遺跡4』より「多摩川・浅川合流地点低地の形成過程模式図」をトレース。
21	上	図1		日野市遺跡調査会（1988）『日野市埋蔵文化財発掘調査報告8 南広間地遺跡1』より「日野市内遺跡時代別遺跡分布図」をもとに、東京都埋蔵文化財センター（2007）『東京都埋蔵文化財センター調査報告 第213集 日野市No.16遺跡・神明上遺跡—一般国道20号バイパス（日野地区）改築工事に伴う埋蔵文化財発掘調査』を加え作成。
21	中	図2		日野市遺跡調査会（1988）『日野市埋蔵文化財発掘調査報告8 南広間地遺跡1』より「日野市内遺跡時代別遺跡分布図」をもとに作成。
21	下	図3		日野市遺跡調査会（1988）『日野市埋蔵文化財発掘調査報告8 南広間地遺跡1』より「日野市内遺跡時代別遺跡分布図」をもとに作成。
22		写1		米軍撮影の空中写真（国土地理院所蔵、1948年撮影・八王子・資料名：USA-R1779-74）
23		図1		明治初期の公図をトレース
24		写1		米軍撮影の空中写真（国土地理院所蔵、1947年撮影・八王子・資料名：USA-R360-159）
25		図1		明治初期の公図をトレース
26	上	図1		東京都知事の承認を受けて、東京都縮尺2,500分の1地形図を使用して作成した東京デジタル3Dマップを元に作成（承認番号：14都市基交第157号）
27		図2		明治初期の公図をトレース
28	上	図1	日野市郷土資料館所蔵	日野市史通史編4 近代（二）・現代
	下左	写1	真野ウタ家所蔵	日野市史通史編4 近代（二）・現代
29	上	写3		米軍撮影の空中写真（国土地理院所蔵、1947年撮影・USA-M388-83）
31		表1		新町土地区画整理組合（2004）『新町土地区画整理事業竣工記念誌』
31		図1		日野市（2003）『すみよいまちづくり—日野市の区画整理』
32		写	鈴木知之（撮影）	
33	上	写	井上博司（撮影）	
	下	写	井上博司（撮影）	
34	上	写	井上博司（撮影）	
	下	写	井上博司（撮影）	
35	上	写	井上博司（撮影）	
35	下	写	井上博司（撮影）	
36、37		図	氏家健太郎	
38		写1	鈴木知之（撮影）	
39	上	図1		TAMAらいふ21協会（「東京都（2006）『多摩川水系浅川圏域河川整備計画（東京都管理区間）』の地形図をもとに作成
39	下	図2		新多摩川史編纂委員会（2001）『新多摩川誌』財団法人河川環境管理財団の「地質断面図」をもとに作成
40	右	図3		国土交通省関東地方整備局京浜河川事務所監修（2001）『多摩川水系河川整備計画読本』財団法人河川環境管理財団
40	中左	写2	志村章（撮影）、日野図書館提供	
	下右	写9	君塚芳輝	
42	左	図1		渡部一二（2002）『水路の用と美—農業用水路の多面的機能』山海堂

42	右	図2		渡部一二(2006)『写真集水路の造形美 水の恵みをうける日本の原風景を求めて』東海大学出版会
43	上	図3		渡部一二(2006)『写真集水路の造形美 水の恵みをうける日本の原風景を求めて』東海大学出版会
43	下	図4		渡部一二(1989)『日野市における水路の生物環境・景観要素及び利用者意識調査による環境特性の研究』とうきゅう環境浄化財団の「日野の水路位置図」をもとに作成
50	中下左	写6	多田啓介(撮影)	
50	下右	写9	多田啓介(撮影)	
52	中上右	写21	多田啓介(撮影)	
55	上	写34	多田啓介(撮影)	
57	上	写2	多田啓介(撮影)	
57	中左	図1	永瀬克己	
57	下右	図2	永瀬克己	
58		図1	上野さだ子	
59	上左	写1	郷土資料館	
59	上右	写2	多田啓介(撮影)	
59	下	図2	天野喜久蔵	
60		写1	鈴木知之(撮影)	
62	上	図1		日野市「日野のわきみず」
62	中	図2		角田清美氏図をもとに作成
62	下	図3		日野市「日野のわきみず」
63	左上	図4		角田清美氏図をもとに作成
66	中	写2	鈴木知之(撮影)	
66	右	写3	鈴木知之(撮影)	
67	下中	写10	鈴木知之(撮影)	
68	左	写1	鈴木知之(撮影)	
69		写2	鈴木知之(撮影)	
71		写3	鈴木知之(撮影)	
72		写1	西田一也(撮影)	
73		写2	西田一也(撮影)	
73		表1	西田一也	
73		表2	西田一也	
74、75		写		「新・日野の動物ガイドブック」
76、77		写		「新・日野の植物ガイドブック」「日野の昆虫ガイドブック」
78	上	写1		米軍撮影の空中写真(国土地理院所蔵、1947年撮影・八王子・資料名USA-M377-36)
78	下	写1		国土地理院撮影の空中写真(2005年撮影・八王子・資料名CKT20051X-C1-28)
79		図2		東京都知事の承認を受けて、東京都縮尺2,500分の1地形図を使用して作成した東京デジタル3Dマップをもとに作成(承認番号:14都市基交第157号)
79	下左	写2	鈴木知之(撮影)	
79	下右	写3	鈴木知之(撮影)	
80	上	写1		国土地理院撮影の空中写真(1961年撮影・東京地区(2)・資料名36-3-24)
80	下	写1		国土地理院撮影の空中写真(2005年撮影・八王子・資料名CKT20051X-C1-30)

81		図2		東京都知事の承認を受けて、東京都縮尺2,500分の1地形図を使用して作成した東京デジタル3Dマップをもとに作成(承認番号:14都市基交第157号)
81	左上	写2	鈴木知之(撮影)	
81	左下	写3	鈴木知之(撮影)	
81	右	写4	鈴木知之(撮影)	
82	左	写1		米軍撮影の空中写真(国土地理院所蔵、1947年撮影・八王子・資料名USA-R556No1-192)
82	右	写1		国土地理院撮影の空中写真(2005年撮影・八王子・資料名CKT20051X-C2-25)
83		図2		東京都知事の承認を受けて、東京都縮尺2,500分の1地形図を使用して作成した東京デジタル3Dマップをもとに作成(承認番号:14都市基交第157号)
83	左上	写2	鈴木知之(撮影)	
83	左下	写3	鈴木知之(撮影)	
83	右	写4	鈴木知之(撮影)	
84	左上	写1		国土地理院撮影の空中写真(1961年撮影・東京地区(2)・資料名36-3-24)
84	左下	写1		国土地理院撮影の空中写真(2005年撮影・八王子・資料名CKT20051X-C1-29)
84	中	写1		国土地理院撮影の空中写真(1961年撮影・東京地区(2)・資料名36-3-24)
84	右	写1		国土地理院撮影の空中写真(2005年撮影・八王子・資料名CKT20051X-C1-29)
85	上	図2		東京都知事の承認を受けて、東京都縮尺2,500分の1地形図を使用して作成した東京デジタル3Dマップをもとに作成(承認番号:14都市基交第157号)
85	下	図2		東京都知事の承認を受けて、東京都縮尺2,500分の1地形図を使用して作成した東京デジタル3Dマップをもとに作成(承認番号:14都市基交第157号)
85		写2	鈴木知之(撮影)	
86	上	写1		国土地理院撮影の空中写真(1961年撮影・東京地区(1)・資料名36-3-23)
86	下	写1		国土地理院撮影の空中写真(2001年撮影・立川・資料名CKT20013-C4-5)
87		図2		東京都知事の承認を受けて、東京都縮尺2,500分の1地形図を使用して作成した東京デジタル3Dマップをもとに作成(承認番号:14都市基交第157号)
87	左上	写2	鈴木知之(撮影)	
87	左下	写3	鈴木知之(撮影)	
87	右	写4	鈴木知之(撮影)	
88		写1	鈴木知之(撮影)	
93	下左	写2	神保エミ子	
96	上	写1	鈴木知之(撮影)	
96	下左	写2	鈴木知之(撮影)	
96	下右	写3	鈴木知之(撮影)	
97	上	写4	鈴木知之(撮影)	
97	中	写5	鈴木知之(撮影)	
98	上	写7	鈴木知之(撮影)	
98	下	写8	鈴木知之(撮影)	

99		写9	鈴木知之(撮影)	
101	上左	写1		日野市ふるさと博物館編(1991)『企画展 日野と養蚕—オコサマをそだてて』
101	上右	写2	石坂一雄	
101	下	写3	佐伯直俊(撮影)	
102	下左	写1	松本 保(撮影)、日野図書館提供	
102	下中	写2	宇佐美光則	
102	下右	写3	板垣正男	
103		図2	酒井 哲	
104		写1	鈴木知之(撮影)	
107		図1		日野市(2006)『日野宿通り周辺再生・整備基本計画』の整備ゾーン図をもとに作成
107		図2		日野市(2006)『日野宿通り周辺再生・整備基本計画』
108		写(4枚)	鈴木知之(撮影)	
108	下左	図1		日野の昭和史を綴る会(2002)『日野市七生地区の地名と昭和の高幡』
109		図2		東京都知事の承認を受けて、東京都縮尺2,500分の1地形図を使用して作成した東京ディジタル3Dマップをもとに作成(承認番号:14都市基交第157号)
109		写	井上博司(撮影)	
110	上	図1	佐藤信行家所蔵	日野の昭和史を綴る会編(2007)『村絵図を楽しむ2—南平・程久保2』日野市郷土資料館
110	下	図2	土方豊家所蔵	日野の昭和史を綴る会編(2006)『村絵図を楽しむ1—三沢・程久保』日野市郷土資料館
111	左	図3		倉田三郎(1978)『多摩をえがいて』多摩中央信用金庫多摩文化資料室
111	右	図4	伊藤 稔	
112	上左	図5	伊藤 稔	
112	上右	図6		出水操(1989)『画集今昔日野』出水教室
112	下左	図7		倉田三郎(2005)『多摩のあゆみ vol.18.』たましん地域文化財団
112	下右	図8	伊藤 稔	
113	下	図10		志賀秀孝他編(2007)『田園の輝き 児島善三郎図録』児島善三郎展実行委員会
114		写(2枚)	佐伯直俊(撮影)	
115		写(4枚)	井上博司(撮影)	
115		図	氏家健太郎	
118	左	写1	佐藤彦五郎新撰組資料館所蔵	日野市史編さん委員会(1992)『日野市史 通史編二(下) 近世編(二)』
118	中	写2	土方歳三資料館所蔵	日野市史編さん委員会(1993)『日野市史 通史編二(下) 近世編(二)』
118	右	写3	日野義和家所蔵	日野市史編さん委員会(1994)『日野市史 通史編二(下) 近世編(二)』
119	上左	図1	土方敬一家所蔵	日野市史編さん委員会(1995)平成7年3月『日野市史 通史編二(中) 近世編(一)』
119	上右	図2	佐藤信行家所蔵	日野市史編さん委員会(1995)平成7年4月『日野市史 通史編二(中) 近世編(一)』
119	下	図3	多摩市教育委員会	
120		写1	井上博司(撮影)	
121	上	写2	日野市産業振興課	
121	下	写3	日野市緑と清流課	
121		図1		日野市(1993)『水辺環境基本整備計画』の「用水路模式図」をもとに作成
122		写	氏家健太郎(撮影)	
124、125		図	氏家健太郎	
127	上	写3	笹木延吉	
127	下	写4	渡辺玄子(撮影)	日野の自然を守る会の会誌『日野の自然』No.441(2009年四月号)
129	下左	写5	日野市環境市民会議水分科会	
129	下右	図1	日野市環境市民会議水分科会	
130	上	写1	日野図書館	
130	下	写3	日野図書館	
131	上	図1	戸高 要	
131	下	図2	戸高 要	
132	上	図1		笹木延吉(1996)「日野市におけるビオトープの創造と近自然河川工法」『水』38(9)pp90-100
134		写1	日野市緑と清流課	
135		写2〜5	日野市緑と清流課	
136		写1	どんぐりクラブ	
137		写2、3	どんぐりクラブ	
138	左	写1	伊藤 稔	
138	右	写2	小坂克信	
139	上	写3	小坂克信	
139	下	写4	小坂克信	
140	左	写1	水口 均	
141		図1	山中 元	
142	上	写3	井上博司(撮影)	
142	下左	写4	水口 均	
142	下中	写5	井上博司(撮影)	
142	下右	写6	井上博司(撮影)	
143		図2	山中 元	
144		図1	山中 元	
145	上	写1	水口 均	
145	中	写2	井上博司(撮影)	
145		図2	山中 元	
146	上左	写3	せせらぎ農園	
146	上右	写4	せせらぎ農園	
146	中	図3	山中 元	
146	下	図4	せせらぎ農園	
147	上	写1	井上博司(撮影)	
150		写(2枚)	井上博司(撮影)	
151		写(2枚)	井上博司(撮影)	
152		図	氏家健太郎	
155	中下	図・写		国土交通省都市・地域整備局「今後の市街地整備制度のあり方に関する検討会(平成19年度)審議資料
157	下左	写1	日野市郷土資料館	
157	下右	写2	日野市郷土資料館	
158	上	図	大川正明	
158	下左	写1	佐伯直俊(撮影)	
160		写1	井上博司(撮影)	
161	上左	写2	井上博司(撮影)	
161	上右	写3	井上博司(撮影)	
161	下	写4	井上博司(撮影)	
166		写(2枚)	井上博司(撮影)	
177〜184		写(全)	井上博司(撮影)	
裏表紙		写	鈴木知之(撮影)	

●参考文献

〈日野市発行〉
日野町役場編『日野町誌』（1955）
日野市史編さん委員会『日野市史 通史編一 自然・原始・古代』（1988）
日野市史編さん委員会『日野市史 通史編二（上）中世編』（1994）
日野市史編さん委員会『日野市史 通史編二（中）近世編（一）』（1995）
日野市史編さん委員会『日野市史 通史編二（下）近世編（二）』（1992）
日野市史編さん委員会『日野市史 通史編三 近代（一）』（1988）
日野市史編さん委員会『日野市史 通史編四 近代（二）現代』（1998）
日野市史編さん委員会『日野市史 民俗編』（1983）
日野市史編さん委員会『日野市史史料集 地誌編』（1977）
日野の自然を守る会編『日野の昆虫ガイドブック』（1982）
日野の自然を守る会編『新・日野の植物ガイドブック』（1985）
日野の自然を守る会編『新・日野の動物ガイドブック』（1994）
日野市環境情報センター編『2007年度 日野市環境白書』
日野市環境情報センター編『2008年度 日野市環境白書』
日野市まちづくり推進部区画整理第1課『すみよいまちづくり――日野市の区画整理』（2003）
日野市企画部企画調整課『日野宿通り周辺再生・整備基本計画』（2006）
日野市遺跡調査会『日野市埋蔵文化財発掘調査報告8 南広間地遺跡1』（日野市都市整備部区画整理課、1988）
島津弘、久保純子、堀琢麿「南広間地遺跡を中心とした多摩川・浅川合流点低地の形成過程」『日野市埋蔵文化財発掘調査報告19 南広間地遺跡4』（日野市遺跡調査会、1994）、pp.121-221
日野市ふるさと博物館編『企画展 日野と養蚕――オコサマをそだてて』（1991）
日野市ふるさと博物館『市制40周年記念企画展 大工場がやってきた――産業で振り返る日野の昭和・平成』（2003）
山崎弘編集『日野市の古民家』（日野市教育委員会、2000）
日野の昭和史を綴る会編『村絵図を楽しむ1――三沢・程久保』（日野市郷土資料館、2006）
日野の昭和史を綴る会編『村絵図を楽しむ2――南平・程久保2』（日野市郷土資料館、2007）
ひらやま探検隊編『平山をさぐる――鮫陵源とその時代』（日野市生活課、1994）

〈その他〉
峰岸純夫監修『図説 八王子・日野の歴史』（郷土出版社、2007）
東京都埋蔵文化財センター『東京都埋蔵文化財センター調査報告 第213集 日野市No.16遺跡・神明上遺跡――一般国道20号バイパス（日野地区）改築工事に伴う埋蔵文化財発掘調査』（東京都スポーツ文化事業団東京都埋蔵文化財センター、2007）
蘆田伊人編『大日本地誌体系11 新編武蔵風土記稿 第五巻』（雄山閣、1981）
NBC工業株式会社『NBC工業50年史』（1986）
新町土地区画整理組合『新町土地区画整理事業竣工記念誌』（2004）
東京都『多摩川水系浅川圏域河川整備計画（東京都管理区間）』（2006）
新多摩川史編纂委員会『新多摩川誌』（財団法人河川環境管理財団、2001）
国土交通省関東地方整備局京浜河川事務所監修『多摩川水系河川整備計画読本』（財団法人河川環境管理財団、2001）
渡部一二『日野市における水路の生物環境・景観要素及び利用者意識調査による環境特性の研究』（とうきゅう環境浄化財団、1989）
渡部一二『水路の用と美――農業用水路の多面的機能』（山海堂、2002）
渡部一二『写真集水路の造形美 水の恵みをうける日本の原風景を求めて』（東海大学出版会、2006）
木内信蔵『都市地理学研究』（古今書院、1951）
矢嶋仁吉『武蔵野の集落』（古今書院、1954）
矢嶋仁吉『集落地理学』（古今書院、1956）
樋口忠彦『景観の構造 ランドスケープとしての日本の空間』（技報堂出版、1975）
樋口忠彦『日本の景観 ふるさとの原型』（春秋社、1981）
山本正三、林吉弘、田林明『日本の農村空間――変貌する日本農村の地域構造』（古今書院、1987）
稲垣栄三『民家と町並み』（世界文化社、1989）
日本建築学会『図説集落』（都市文化社、1989）
進士五十八・鈴木誠・一場博幸『ルーラル・ランドスケープ・デザインの手法 農に学ぶ都市環境づくり』（学芸出版社、1994）
大谷幸夫『都市のフィロソフィー』（こうち書房、2004）
中沢新一『アースダイバー』（講談社、2005）
宮本常一『私の日本地図10 武蔵野・青梅』（未来社、2008）
福田アジオ他『精選 日本民俗辞典』（吉川弘文館、2006）
北村實彬・野崎稔『農林水産省における蚕糸試験研究の歴史』（独立行政法人農業生物資源研究所、2004）
鈴木博之編『図説年表／西洋建築の様式』（彰国社、1998）
倉田三郎「多摩をえがいて」（多摩中央信用金庫多摩文化資料室、1978）
出水操『画集今昔日野』（出水教室、1989）
児島善三郎『田園の輝き 児島善三郎図録』（児島善三郎実行委員会、2007）
笹木延吉「日野市におけるビオトープの創造と近自然河川工法」『水』（1996）、38（9）pp.90-100、
日野の自然を守る会『新・日野の動物ガイドブック刊行にかかわる「野生生物の調査報告書」1993』（1992）
『日野の自然』1～456号（日野の自然を守る会.）
『日野の歴史と文化』1～50号（日野史談会）
『湧水』まちづくりフォーラム
田中紀子『歌集半世紀』（日野歌人会、1982）
日野・まちづくりマスタープランを創る会『市民版まちづくりマスタープラン――市民がつくったまちづくり基本計画』（1995）
日野市消費者運動連絡会『水汚染から考える――浅川・豊田用水の水質調査10年』（1998）
浅川勉強会『井戸ノート――地下水の眼をのぞく』（1999）
環境基本計画市民連絡会『日野市環境基本計画策定活動のあゆみ――市民参加の新しい試みと成果』（2001）
小笠俊樹「水の郷 日野『水辺に生態系を』――都市における水辺づくりのとりくみ」『地下水技術』（2002）、44（10）pp1-9
佐藤直良「水辺の楽校プロジェクトの目指すもの」、君塚芳輝（編）『水辺の楽校をつくる――計画から運営までの理念と実践』（ソフトサイエンス社、1997）
西城戸誠他編『用水のあるまち――東京都日野市の水の郷づくりのゆくえ』（法政大学出版局、2010）
小坂克信『用水を総合的学習に生かす――日野の用水を例として』（とうきゅう環境浄化財団、2004）
丹青研究所編『ECOMUSEUM――エコミュージアムの理念と海外事例報告』（1993）
新井重三編著『エコミュージアム 理念と活動』（牧野出版、1997）
馬場憲一『地域文化政策の新視点――文化遺産保護から伝統文化の継承へ』（雄山閣出版、1998）

あとがき

本書は、日野市と法政大学が2009年に締結した3ヵ年にわたる「水の郷日野地域再生協力事業」のひとつとして取り組んできたものである。この事業は、法政大学エコ地域デザイン研究所が2006年度から日野市をフィールドに調査研究活動を続けてきたことを踏まえ、その成果を生かし、水辺再生、地域再生につなげるために市と大学が協定を結び、実現した。それではそもそもなぜ日野に関わることになったのか、その経緯から説明したい。

法政大学エコ地域デザイン研究所は2004年に、文部科学省学術フロンティア推進事業の採択を受け、おもに「水辺環境」を対象に「都市と地域の再生の方法」を研究することを目的として設置された。そして本書の編集委員でもある筆者自身が、日野市の用水路の保全をテーマに取り組んでいたことが大きなきっかけとなり、2006年度から研究所が学際的に取り組む「日野プロジェクト」として日野の水辺再生研究がスタートした。当研究所は、東京都心の水辺再生研究に実績があったが、都心の水辺再生を考えるにもやはり水系でつながる都市郊外の水辺再生が欠かせず、その研究も重要という認識が強まり、ぜひとも「日野」を都市郊外の水辺再生の研究フィールドに選ぼうという運びになった。

2006年度から2年間は、とうきゅう環境浄化財団や河川環境管理財団の助成も受けることができた。その研究成果は、『歴史的・生態的価値を重視した水辺都市の再生に関する研究――日野の用水路網の保存・回復に向けた市民的な取り組みをケースとして』に報告書として取りまとめられた。そこでは日野の用水路網が発達した地理的特徴から地勢、歴史的背景、景観、そして用水路が消失する都市化プロセスなど、工学系の研究と用水路を取り巻く市民の意識、維持管理の状況やその課題などを明らかにし、保存再生のための提案を行った。これらの研究を進めるにあたり、日野市の市民、行政の方々とともに研究会を開催し、活発な意見交換も行った。年度末には日野市での研究報告会を、中央福祉センター（2006年度）、日野市民会館小ホール（2007年度）で開催し、多くの市民の方々の参加が得られ、情報や研究成果を共有するとともにさまざまな意見をいただくことができた。

そして、市民の方から日野市への要望もあり、これまでの研究成果を生かすべく日野市と法政大学が水辺再生、地域再生を目指し2009年2月に「水の郷日野地域再生協力事業」を締結するに至ったのである。

この協力事業の柱は大きくは3つある。ひとつはこれまで研究成果をもとにして写真や図版を中心に日野を知り、学びそして新たな価値を見出すためのビジュアル本の作成。ふたつ目はそのビジュアル本をテキストに市民を対象とした塾（日野塾）の開催。そして3つ目が長期的な視点にたったまちづくりを考える研究会の開催である。本書がテキストとなる塾は「地元学」として、広く市民が参加できるものとする予定であるが、学ぶだけではなく、意見交換の場、議論の場となり、そこから新たな地域再生の芽が生まれてくることが期待される。

2006年度からの調査研究の過程で、あらためてわれわれは日野市が持つさまざまな地域の資源に気づき、魅了されてきた。丘陵地、台地そして沖積低地がつくり出す自然やそこに暮らす人びとの営みやその変遷には、研究者の心を引き付けるテーマが豊富にある。これまでも日野をフィールドとした自然科学、人文科学、そして歴史学の研究蓄積は多いのだが、縦割の研究が一般的で、さらに研究の世界だけに留まり、地域に生かされることも少ない。

われわれの調査研究活動においてはそのはじまりから、研究だけに留めるのではなく、地域にいかに貢献できるかがもうひとつのテーマでもあった。そのために地域の実情や課題を研究メンバーが共有するため、まずは勉強会という形で地域の方々に報告いただき、その後の研究会では研究メンバーの研究内容をテーマに市民、行政職員の方々も参加し、意見交換を行った。さらに年度末の報告会も日野市で開催してきた。しかしながら市民の協力や参加を得ながら進めてきたとはいえ、われわれの調査研究活動は、ごく一部のとくに環境系の活動をされている方々が知るのみであり、また地域に役立つ研究をめざすとしながら、それを果たしてどのように実現しうるのかは未だ模索中である。そもそも“役立てる”という考え自体が、“よそ者”である大学にとってはたいへんおこがましいことではないかという意見もあるし、日野市に拠点をおく大学でもなく、なぜ日野に関わるのかという疑問もなくはない。

さまざまな意見や調査研究過程における課題もあるが、われわれがこれまで協力いただいた市民の方々からは、つねに切実な“現状を何とかしたい”、“ともに考えて欲しい”という訴えがあり、それに少しでも応えたいという想いで取り組んできた。

本書は、これまでの研究をどのように地域に役立てていくか考えるなかから生まれてきたものである。われわれの研究だけなく、調査研究活動の過程で協力してくださった日野市内の歴史、環境、教育の専門家や市民の方々にもご参加いただき、作成することができた。

本書の特徴は、写真や図版を中心にさまざまな分野の垣根を取り払い、日野を時間・空間軸から捉えたものである。学生から研究者、市民と実に多くの人の手により作成されたので、文体や表現、内容の密度に違いがある。若者らしい感性で日野を捉え、表現したものもなくはない。皆、自然や風景、暮らし、市民活動を含めた人びとの営みなど日野へ想いや愛情を込めて書かれている。

地域は複雑で数年間の調査研究ですべてを把握できるわけではない。われわれの研究は地域に根を下ろす地元の研究者の足元にも及ばない。おそらく間違いや誤解も少なからずあるだろう。しかし、2006年度からの調査研究活動で、歴史や環境などの分野の壁を超え、多くの市民と関わりながら、日野を歩きまわった成果として本書がある。

日野を見つめ直す契機として本書が活かされることを期待したい。けっして地域はこうあるべきだと言うつもりはない。しかし何気ない風景や暮らしのなかにいかに地域の資源や宝が埋もれているか、人びとが積み重ねてきた歴史や物語があるか本書を見ながら共感いただけたら幸いである。

本書の企画刊行のために、研究所内部の「日野プロジェクト」に関わるメンバーと陣内秀信研究室の学生を加えた数人で編集委員会をつくった。所長の陣内秀信が提案したラフな全体の構成案を編集委員の間で議論しながら、章立て、項目およびその執筆者を決め、集まった原稿の編集作業を行った。日野の協力事業を担当する長野浩子と日野の研究を行っていた石渡雄士(陣内研究室)がその実際的な作業の多くを担った。対外的な折衝の多くと部分的ではあるが記述内容の事実確認などの仕事を長野が担い、一方、石渡は自らの多くの執筆部分を担当するのに加え、大学院で学ぶ大勢の若い人たちの力を結集し、図版作成なども含め、本づくりの屋台骨を支える仕事に奮闘した。

ビジュアルな魅力ある本にしたいと考え、出版社としては建築・都市計画の専門書を手がける鹿島出版会にお願いし、その編集担当者の川尻大介氏に最初の段階から編集会議に加わっていただき、本づくりを一緒に進めることができた。また、編集の途中の段階から、やはり研究所のメンバーで図版の多い本づくりに豊富な経験をもつ岡本哲志が加わり、本の完成に向け精力的に協力した。

同時に、この本の特徴である見た目にも楽しい構成を実現し、日野の魅力と暮しのリアリティをビジュアルに伝えるために、写真家でエコ地域デザイン研究所の研究員でもある鈴木知之が足繁く現地に通って撮影した臨場感溢れる貴重な写真(凧を飛ばして撮ったものもある)を数多く掲載し、また陣内研究室の画才のある修士学生、氏家健太郎が描いたスケッチを要所要所に挿入した。

日野在住の写真家・井上博司氏にも編集会議に幾度か参加いただき、多くのアドバイスを得ることができた。さらに井上氏の温かいまなざしで人びとを生き生きと捉えた写真の多くを本書にも掲載させていただいた。

本書の作成にあたり、これまで述べてきたように日野市内の歴史、環境等に取り組む専門家の方々、日野市に関わりのある研究者の方々にも執筆をいただいた。また2006年度にエコ地域デザイン研究所で発行した「水の郷日野/用水路再生へのまなざし」に寄稿下さった馬場弘融市長はじめ市民、行政職員の方々の水辺や用水、日野への想いなどをコラムとして再編集し、掲載した。また原稿作成にあたり、多くの方々のヒアリングから得た実体験の内容、貴重な情報や資料の提供をいただいた。

日野市郷土資料館の皆様は、時間のないなかで未熟な原稿の一部の事実確認などを引き受けて下さった。しかし、まだまだ内容的に問題のある個所も多く、それはわれわれ自身の力不足のためであり、今後のわれわれの反省としていきたい。

日野市緑と清流課の高木秀樹氏には、日野市と法政大学の連携事業の行政側窓口として、入れ替わり立ち替わり訪れる多くの法政大学の学生、教員の相談に辛抱強く応じていただいたばかりか、関係する日野市の市民や行政担当者の紹介や情報提供の面でも大変お世話になった。

最後に、連携事業のきっかけをつくって下さった浅川勉強会の山本由美子氏や日野市環境市民会議水分科会の皆様に感謝申し上げたい。山本氏は長年、日野の水辺再生を何とか果たしたいと市民活動に取り組んでこられた。日野市環境市民会議水分科会の皆様は、2006年の日野市での調査研究の始まりからつねにわれわれの強力なサポーターであるとともによき批判者でもある。水分科会の協力なしにはなしえなかった調査研究や活動も多い。今年に入り、そのメンバーのおひとりでいつも熱心に研究会に参加いただいていた池内弘明氏がお亡くなりになった。日野の環境や水辺のこと、将来の子どもたちのことを気にかけ、病を圧して研究会に参加下さったこともあった。

山本氏はじめ多くの市民の方々と関わるなかで、その想いに触れ、共感できるからこそわれわれの取り組みがある。われわれの研究や活動が市民の方々の期待に応えられているかはわからないが、大学が地域に何ができるかこのことをつねに考えながら調査研究活動を続けていきたいと思う。

このように本書ができるまでには、じつに多くの方々のお世話になり、協力をいただき、ときに迷惑をかけながら進めてきた。ここに深く感謝申し上げたい。

編集委員　長野浩子(日野市協力事業担当)

●略歴

編集委員

陣内秀信《じんない・ひでのぶ》

1947年福岡県生まれ。法政大学デザイン工学部教授。法政大学エコ地域デザイン研究所所長。専門はイタリア建築史・都市史。著書に『東京の空間人類学』（筑摩書房）、『東京』（文藝春秋社）、『イタリア海洋都市の精神』（講談社）ほか。

岡本哲志《おかもと・さとし》

1952年東京都生まれ。法政大学サステイナブル研究教育機構リサーチアドミニストレータ。法政大学デザイン工学部兼任講師法政大学エコ地域デザイン研究所研究員。
専門は都市形成史。著書に『銀座四百年』（講談社メチエ）、『「丸の内」の歴史』（ランダムハウス講談社）、『港町のかたち』（法政大学出版局）ほか。

長野浩子《ながの・ひろこ》

1961年鹿児島県生まれ。（株）東急設計コンサルタント勤務を経てSOM計画工房一級建築士事務所設立。法政大学デザイン工学部兼任講師。法政大学エコ地域デザイン研究所研究員（日野市協力事業担当）。著書に『用水のあるまち—東京都日野市の水の郷のゆくえ』（共著、法政大学出版局）。

石渡雄士《いしわた・ゆうし》

1977年神奈川県生まれ。法政大学大学院工学研究科後期博士課程在籍。法政大学サステイナブル研究教育機構リサーチアシスタント。法政大学エコ地域デザイン研究所研究員。著書に『東京エコシティ 新たなる水の都市へ』（共著、鹿島出版会）、『港町の近代 門司・小樽・横浜・函館を読む』（共著、学芸出版社）。

鈴木知之《すずき・ともゆき》

1963年東京都生まれ。写真家。現代写真研究所講師。法政大学エコ地域デザイン研究所研究員。2001年個展「Roji」（新宿コニカプラザ）。『雑誌「東京人」』都市出版、2002年2月号〜川本三郎（文）鈴木知之（写真）『我もまた渚を枕・東京近郊ひとり旅』（晶文社）、陣内秀信（文）鈴木知之（写真）『イタリアの街角から・スローシティを歩く』弦書房。

氏家健太郎《うじいえ・けんたろう》

1986年奈良県生まれ。法政大学大学院工学研究科修士課程在籍。

鈴木順子《すずき・じゅんこ》

1985年東京都生まれ。2009年法政大学大学院工学研究科修士課程修了。

執筆担当

巻頭口絵

鈴木知之

1-1、2-8

神谷 博《かみや・ひろし》

1949年東京都生まれ。（株）設計計画水系デザイン研究室代表取締役。法政大学デザイン工学部兼任講師。法政大学エコ地域デザイン研究所研究員。著書に水みち研究会編『井戸と水みち』（共著、北斗出版）、日本建築学会編『雨の建築学』（共著、北斗出版）ほか。

1-2〜1-6、2-13-1

石渡雄士

1-7、2-16、2-17

上村耕平《かみむら・こうへい》

1986年神奈川県生まれ。法政大学大学院工学研究科修士課程在籍。

1-8、4-10

高見公雄《たかみ・きみお》

1955年神奈川県生まれ。法政大学デザイン工学部教授。法政大学エコ地域デザイン研究所研究員。著書に『都市計画マニュアルⅡ』（共著、丸善）。『日本の街を美しくする』（共著、学芸出版社）。

2-1

西谷隆亘《にしや・たかのぶ》

1939年広島県生まれ。法政大学名誉教授。

2-2

渡部一二《わたべ・かずじ》

1938年北海道生まれ。前多摩美術大学教授。著書に『生きている水路』（東海大学出版会）。『水の恵みを受けるまちづくり』（鹿島出版会）ほか。

2-3、4-5-1、4-5-2

浅井義泰《あさい・よしやす》

1941年生まれ。（株）エキープ・エスパス取締役。法政大学デザイン工学部兼任講師。法政大学エコ地域デザイン研究所研究員。著書に『現代都市のリデザイン』（共著、東洋書店）。『応用生態工学序説』（共著、信山社サイテック）ほか。

2-4、2-9、2-13-3、2-18、3-2、3-4-1、3-4-2、3-7-1、4-4

長野浩子

2-5、2-14

永瀬克己《ながせ・かつみ》

1945年埼玉県生まれ。法政大学デザイン工学部教授。法政大学エコ地域デザイン研究所研究員。著書に『日本の生活環境文化大事典』（共著、柏書房）。『写真で見る民家大事典』（共著、柏書房）ほか。

2-6
上野さだ子《うえの・さだこ》
1945年滋賀県生まれ。日野市郷土資料館協議会委員。日野の古文書を読む会会長、日野の昭和史を綴る会事務局。論文に「日野の水車台帳」『日野の歴史と文化47号』、「明治初年程久保絵図とその作成手順の考察」(日野市郷土資料館紀要第2号)。日野市三沢在住。

2-7、2-16
大前光央《おおまえ・みつお》
1983年東京都生まれ。法政大学大学院工学研究科修士課程在籍。

2-9、2-19
横山友里《よこやま・ゆり》
1986年東京都生まれ。法政大学大学院工学研究科修士課程在籍。

2-10、2-12-1〜2-12-5、2-13-1〜2-13-3、2-15、2-16
鈴木順子

2-15
荒井 邦《あらい・くに》
1985年東京都生まれ。法政大学大学院工学研究科修士課程修了。

2-11-1、2-11-2
杉浦忠機《すぎうら・ただき》
1943年愛知県岡崎市生まれ。日野市環境情報センター嘱託職員。日野の自然を守る会副会長。日野みどりの推進委員会会長。『多摩の自然に学ぶ・総合的な学習の時間』(共著、多摩生きもの学習研究会)。『みんなで調べた日野市のタンポポと水草1975-2002』(共著、日野の自然を守る会)。日野市南平在住。

2-11-3
西田一也《にしだ・かずや》
1978年神奈川県生まれ。日本学術振興会特別研究員(PD)、(独)農業・食品産業技術総合研究機構農村工学研究所農村環境部生態工学研究室。著書は「第3章河川中流域の田んぼと水路を生息場とする淡水魚と保全」水谷正一・森淳編『春の小川の淡水魚——その生息場と保全』(共著、学報社)。

2-17、4-3
酒井 哲《さかい・てつ》
1970年愛知県生まれ。Town Factory一級建築士事務所代表。「建築雑想記」『多摩のあゆみ』((財)たましん地域文化財団発行季刊誌)。

2-20、4-5-1、4-5-2
高橋賢一《たかはし・けんいち》
1941年新潟県長岡市生まれ。法政大学デザイン工学部教授。法政大学エコ地域デザイン研究所研究員。著書は『連合都市圏の計画学』(共著、鹿島出版会)。『都市および地方計画』(山海堂)。

3-1、4-2
馬場憲一《ばば・けんいち》
1947年東京都生まれ。法政大学現代福祉学部教授。法政大学エコ地域デザイン研究所研究員。著書は『近世都市周辺の村落と民衆』(雄山閣出版)、『歴史的環境の形成と地域づくり』(編著、名著出版)。

3-3
氏家健太郎

3-5
笹木延吉《ささき・のぶよし》
1943年東京都生まれ。1966年日野市役所入所。黒川清流公園、向島用水親水路整備事業など担当。2004年定年退職。日野市環境情報センター嘱託。南丘雑木林を愛する会事務局、真堂が谷戸蛍の会事務局、浅川流域市民フォーラム幹事、水と緑日野・市民ネットワーク幹事、浅川潤徳水辺の楽校協議会事務局ほか。著書は『水辺ビオトープ』(共著、信山社サイテック)。

3-6-1
西城戸誠《にしきど・まこと》
1972年埼玉県生まれ。法政大学人間環境学部准教授。法政大学エコ地域デザイン研究所研究員。著書は『用水のあるまち——東京都日野市・水の郷づくりのゆくえ』(共編著、法政大学出版会)、『抗いの条件——社会運動の文化的アプローチ』(人文書院)。

3-6-2
有馬佳代子《ありま・かよこ》
1948年生まれ。どんぐりクラブ(日野市環境学習サポートクラブ)。日野市新井在住。

3-6-3
小坂克信《こさか・かつのぶ》
1949年東京都生まれ。日野市立七生緑小学校非常勤教員。著書は『玉川上水と分水』(新人物往来社)。著書は『用水を総合的な学習に生かす——日野の用水を事例として』(とうきゅう環境浄化財団)ほか。

3-7-1、3-7-2
山中 元《やまなか・げん》
1985年東京都生まれ。法政大学大学院工学研究科修士課程在籍。

3-7-3
図司直也《ずし・なおや》
1975年愛媛県松山市生まれ。法政大学現代福祉学部准教授。法政大学エコ地域デザイン研究所研究員。著書は「農村地域資源における管理主体問題——その研究動向と今日的課題」生源寺眞一編『改革時代の農業政策——最近の政策研究レビュー』(共著、農林統計出版)。

3-8
宮下清栄《みやした・きよえ》
1953年長野県生まれ。法政大学デザイン工学部教授。法政大学エコ地域デザイン研究所研究員。著書は『地域社会の形成と都市交通政策』(東洋館出版)、『ホスピタリティ・観光辞典』(白桃書房)。

巻末口絵

井上博司

いのうえ・ひろし

1958年生まれ。写真家。東京都のカメラマン職を経て、フリー。多摩地域が主な撮影フィールド。日野市観光協会HPコンテンツ制作。日野市観光マップ（日野市観光協会）、「七生丘陵・百草倉沢散策マップ」（日野市）ほか。

寄稿者

山本由美子（浅川勉強会代表）
小笠俊樹（日野市職員）
馬場弘融（日野市長）
佐伯直俊（自然体験広場の緑を愛する会）
村岡明代（日野の自然を守る会／どんぐりクラブ）
蜂屋恵美（日野の自然を守る会／どんぐりクラブ）
伊藤 稔（豊田堀之内用水組合長）
小林和男（日野産大豆プロジェクト代表、農の応援団代表、）
山崎和子（クレアガーデンホーム）
中川節子（日野映像支援隊）

協力

日野市郷土資料館
日野市立日野図書館
日野市

資料・情報提供

日野の自然を守る会
日野市消費者運動連絡会
浅川勉強会
日野市環境市民会議
まちづくりフォーラム・ひの
ひの市民活動団体連絡会

石坂昌子（百草 石坂ファームハウス）
井上平吉（日野本町）
内山芳雄（川辺堀之内）
大木国郎（百草 モグサファーム）
大木 聡（百草 モグサファーム）
岸野隆史（川辺堀之内 岸野農園）
斎藤好江（栄養士）
佐藤美千代（新井 まちの生ごみ活かし隊）
神保エミ子（豊田）
瀧口英彦（中央公民館）
戸高 要（日野本町）
中尾ひろえ（三沢）
馬場芳三（平山）
馬場邦衛（日野本町 八坂みこし愛好会会長）
馬場幹年（日野本町 八坂みこし愛好会小頭）
水口 均（JA東京みなみ）
由木 勉（百草 由木農場）

図版作成協力

横山智香（2009年法政大学大学院工学研究科修士課程修了）
久保智子（法政大学大学院工学研究科修士課程在籍）
石井寛子（法政大学デザイン工学部在籍）
石井正徳（法政大学デザイン工学部在籍）
門野梨沙（法政大学デザイン工学部在籍）
桑野恵美（法政大学デザイン工学部在籍）
小林夏美（法政大学デザイン工学部在籍）
篠井満夫（法政大学デザイン工学部在籍）
多田圭佑（法政大学デザイン工学部在籍）
鶴見秀俊（法政大学デザイン工学部在籍）
野口真奈（法政大学デザイン工学部在籍）
三橋慶侑（法政大学デザイン工学部在籍）
磯絵理子（2009年度法政大学工学部卒業）

水の郷 日野

農ある風景の価値とその継承

2010年11月30日　第1刷発行
2010年12月20日　第2刷発行

編　者　法政大学エコ地域デザイン研究所
発行者　鹿島光一
発行所　鹿島出版会
〒104-0028 東京都中央区八重洲2-5-14
電話 03-6202-5200
振替 00160-2-180883

デザイン　高木達樹（しまうまデザイン）
印刷・製本　壮光舎印刷

ISBN978-4-306-07280-0 C3052
Printed in Japan

本書の内容に関するご意見・ご感想は下記までお寄せ下さい。
mail：info@kajima-publishing.co.jp
URL：http://www.kajima-publishing.co.jp

本書の著作権使用料は〈ひの緑のトラスト〉に寄付されます。

里山を体験

500年以上続く農家、石坂ファームハウスでは、都市と農の共存をめざして田植えから収穫まで「体験農業」を行っています。

住宅と隣り合う堀之内

低地では田んぼ、段丘の上では畑という日野の典型的な農が今も残る堀之内地区。鎌倉からの路も通っています。数年先には区画整理によって姿を変えることが決まっています。

平山用水ふれあい水辺

隣接する都営団地の建替えの際、同時に用水も改修され、水と直接ふれあえる小川と空間も創りだされています。

日野宮神社のどんど焼き

豊作を願うどんど焼きは、宅地化と共に一時は減少しましたが、現在では新住民も交え復活するものもあります。

清流を取り戻した浅川

60年代以降、流域では宅地開発が急増、汚染された浅川。下水道が完備し、清流復活。人も川に戻ってきました。

川は自然の先生

多摩川と浅川が流れる日野。浅瀬や岸辺の草むらは
絶好の子どもたちの遊び場。そして自然の先生です。

日枝神社の夏祭り

川辺堀之内の鎮守、日枝神社の夏祭り。子ども神輿が田を抜け、一日かけて家々を巡りながら地区を練り歩きます。

東豊田の水田

周りが宅地となった水田です。引き継がれてきた水田は、新しく住まう人に涼風と潤いを恵んでくれています。

日野の四季

写真・文：井上博司

平山浅川土手の桜

大正時代に植えられたという桜並木の下、レンゲ摘みもできた田んぼは今は住宅地となりました。用水は親水の場として生まれ変わりました。